生态空间保护区域
生态安全评价研究

——以南京市生态红线为例

燕守广　著

河海大学出版社
HOHAI UNIVERSITY PRESS
·南京·

图书在版编目(CIP)数据

生态空间保护区域生态安全评价研究：以南京市生态红线为例 / 燕守广著. －－南京：河海大学出版社，2023.12
ISBN 978-7-5630-8396-1

Ⅰ. ①生… Ⅱ. ①燕… Ⅲ. ①区域生态环境－生态安全－安全评价－研究－南京 Ⅳ. ①X321.253.1

中国国家版本馆 CIP 数据核字(2023)第 195334 号

书　　名	生态空间保护区域生态安全评价研究:以南京市生态红线为例	
书　　号	ISBN 978-7-5630-8396-1	
责任编辑	卢蓓蓓	
特约编辑	李　阳	
特约校对	夏云秋	
装帧设计	张育智　刘　冶	
出版发行	河海大学出版社	
地　　址	南京市西康路 1 号(邮编:210098)	
电　　话	(025)83737852(总编室)　(025)83786934(编辑室)	
	(025)83722833(营销部)	
经　　销	江苏省新华发行集团有限公司	
排　　版	南京布克文化发展有限公司	
印　　刷	广东虎彩云印刷有限公司	
开　　本	787 毫米×960 毫米　1/16	
印　　张	11.75	
字　　数	205 千字	
版　　次	2023 年 12 月第 1 版	
印　　次	2023 年 12 月第 1 次印刷	
定　　价	88.00 元	

目　录
contents

第一章

绪 论

1.1　研究背景

1.1.1　研究背景

　　长期以来,随着工业化、城镇化进程的不断加快以及人民生活水平的不断提高,我国对资源与能源的需求迅速提升。虽然我国生态资源丰富,在保障国家生态安全和社会经济可持续发展方面起到了关键作用,但是由于对自然资源的过度利用和无序开发,生态环境整体状况不容乐观。具体表现在以下方面:资源约束压力持续增大,环境污染仍在加重,生态系统退化依然严重,生态环境问题更加复杂,资源约束、环境污染与生态恶化的趋势尚未得到逆转;国土空间开发格局与资源环境承载能力不相匹配,区域开发建设活动与生态用地保护的矛盾日益突出,自然保护区等各类已建保护区隶属不同部门管理,空间上存在交叉重叠,布局不够合理,生态保护效率不高;重要生态功能区、生态敏感区、脆弱区、生物多样性保护优先区面积大,分布广,关键生态区域未能得到有效保护,导致生态服务与调节功能仍在退化,自然灾害多发,威胁人居环境安全。上述问题已经严重影响了我国生态安全,其态势已经制约了经济的增长和社会经济的可持续发展。

　　为此,2011 年出台的《国务院关于加强环境保护重点工作的意见》(国发〔2011〕35 号)中首次提出:"国家编制环境功能区划,在重要生态功能区、陆地和海洋生态环境敏感区、脆弱区等区域划定生态红线,对各类主体功能区分别制定相应的环境标准和环境政策。"这是我国首次正式提出要划定生态红线,反映出我国生态环境保护由污染治理向系统保护、从事后治理到事前预防的战略性转变过程。2012 年,党的"十八大"报告中明确指出:"要优化国土空间开发格局,加快实施主体功能区战略,构建科学合理的城市化格局、农业发展格局、生态安全格局。"其实质也是要通过划定生态红线,确定国土开发的安全格局。2013 年出台的《全国生态保护"十二五"规划》(环发〔2013〕13号)进一步指出:"在重要(点)生态功能区、陆地和海洋生态环境敏感区、脆弱区等区域划定生态红线,会同有关部门共同制定生态红线管制要求,将生态功能保护和恢复任务落实到地块,形成点上开发、面上保护的区域发展空间结构。研究出台生态红线划定技术规范,制定生态红线管理办法。"该规划中还指出生态红线划定区域中不仅包括重要生态功能区,还包括重点生态功能区。2017 年,中共中央办公厅、国务院办公厅印发《关于划定并严守生态保护红线的若干意见》,对划定并严守生态保护红线工作做出全面部署,标志着全国生态保护红线划定与制度建设正式全面启动。

按照国家要求,江苏省积极部署,全面推进生态红线划定工作。2013 年,江苏省在全国率先完成了生态红线划定工作,发布了《江苏省生态红线区域保护规划》(苏政发〔2013〕113 号)。2018 年,按照国家生态保护红线划定要求,依据《生态保护红线划定指南》(环办生态〔2017〕48 号),在《江苏省生态红线区域保护规划》的基础上,发布了《江苏省国家级生态保护红线规划》(苏政发〔2018〕74 号),全省共划定国家级生态保护红线 18 150.34 km²①,占全省陆海统筹国土总面积的 13.14%。其中陆域生态保护红线区域面积 8 474.27 km²,占全省陆域国土面积的 8.21%;海洋生态保护红线区域面积 9 676.07 km²,占全省管辖海域面积的 27.83%。2020 年,江苏省人民政府又印发了《江苏省生态空间管控区域规划》(苏政发〔2020〕1 号)。明确提出:"为实现《江苏省生态红线区域保护规划》与《江苏省国家级生态保护红线规划》的有效衔接,确保生态空间适应当前经济社会发展规划和生态环境保护实际,在动态优化调整《江苏省生态红线区域保护规划》的基础上,开展生态空间保护区域的划定工作。围绕'功能不降低、面积不减少、性质不改变'的总体目标,最终确定了 15 大类 811 块陆域生态空间保护区域,总面积 23 216.24 km²,占全省陆域国土面积的 22.49%。"

划定并严守生态保护红线是党中央、国务院的一项重大战略决策,体现了国家意志和决心。然而,生态保护红线的划定只是优化国土空间、构建生态安全格局、保障区域生态安全的第一步,如何评估生态红线区域的生态系统健康状态,并发现生态安全问题,确保具有重要生态功能的区域、生态环境的敏感区和脆弱区、重要生态系统以及主要物种得到有效保护,并维持生态系统的健康发展和良性循环,提高生态产品供给能力,则是当前需要研究的重要课题。

本书以南京市生态空间保护区域(2014 年划定的生态红线区域)为例,通过对生态空间保护区域内土地利用与景观格局变化、生态系统服务功能及其价值变化的分析,构建生态空间保护区域生态系统健康评价指标,对南京市生态空间保护区域的生态系统健康进行了评价,研究了生态空间保护区域生

---

① 全书因四舍五入,数据存在一定偏差。

态安全现状与问题,为维护生态空间保护区域的生态系统健康、保障区域生态安全提供科学依据。

1.1.2 相关概念

1. 生态保护红线

"生态保护红线"是我国近年来提出的新概念,也是环境保护的重大转变。最初,在国家发布的相关文件中将"生态红线"定义为"对维护国家和区域生态安全及经济社会可持续发展具有重要战略意义,必须实行严格管理和维护的国土空间管控线"。概念中明确了生态红线是关系国家和区域生态安全、需要严格管控的边界线,而划定生态红线,就是为了严格禁止大规模、高强度的工业化和城镇化开发,遏制生态系统不断退化的趋势,保持并提高生态产品供给能力。党的十八届三中全会提出:"要健全自然资源资产产权制度和用途管制制度,划定生态保护红线,实行资源有偿使用制度和生态补偿制度,改革生态环境保护管理体制。"此后,国家相关文件中更多地用到了"生态保护红线"这一说法。

《生态保护红线划定指南》中对生态保护红线的定义为:"在生态空间范围内具有特殊重要生态功能、必须强制性严格保护的区域,是保障和维护国家生态安全的底线和生命线,通常包括具有重要水源涵养、生物多样性维护、水土保持、防风固沙、海岸生态稳定等功能的生态功能重要区域,以及水土流失、土地沙化、石漠化、盐渍化等生态环境敏感脆弱区域。"生态保护红线的概念是以"红线"为基础,在区域性生态规划、管理和科学研究过程中逐渐产生和发展,并得到多方面肯定,从而上升成为国家战略(高吉喜,2014)。划定生态保护红线实行永久保护,是新时期背景下对生态环境保护工作提出的更高要求,体现了以强制性手段强化生态保护的政策导向。

生态保护红线是一种新的保护理念,与国家公园、自然保护区、风景名胜区、森林公园、湿地公园、地质公园等现有各类保护区不同,它并不是一种新的保护类别,也不同于重要生态功能区。生态保护红线强调的是关系到区域乃至国家生态安全的关键区域。生态保护红线的内涵主要包括以下几个方面:

(1)生态保护红线是生态安全的底线

生态保护红线是在生态空间范围内划定的,是生态系统存续、保护关键物种、维持生态系统服务功能的关键区域,主要包括具有水源涵养、生物多样性维护、防风固沙、水土保持、海岸生态稳定等具有重要生态功能,以及水土流失、土地沙化、石漠化、盐渍化等生态极为敏感脆弱的区域，上述区域是维持生态平衡、保障生态安全的底线。

（2）生态保护红线更强调生态系统的完整性和连续性

根据生态系统结构-过程-功能理论，只有完整的生态系统结构，其生态过程才是正常的，才能确保生态系统服务功能正常发挥。为此，生态保护红线必须是完整的，以确保维持生态系统结构、功能与生态过程的稳定性，实现对区域生态环境问题的有效控制和持续改善。生态保护红线必须涵盖区域重要的生态斑块、节点和生态廊道，确保重要的生态系统、物种多样性，以及生态系统服务功能得到有效保护。

（3）生态保护红线的核心目标是生态系统服务功能的提升

生态保护红线是维护自然生态系统服务持续稳定发挥，对保障国家和区域生态安全具有关键作用的区域。划定生态保护红线可有效保障生态系统服务功能、减轻自然生态灾害、维持生态系统平衡、提高生态防护能力等。生态系统服务功能是人类生存与现代文明的基础，科学技术能影响生态系统服务功能，但不能替代自然生态系统服务功能。因此，维护并提升生态系统服务功能是生态保护红线保护的核心目标。

（4）生态保护红线的关键措施是维持生态系统的平衡和可持续

生态保护红线是生态安全的底线，底线一旦被突破，将导致无法预料的后果。而维持生态安全的关键是确保生态保护红线内的生态系统能够实现良性循环，保持生态系统的平衡和可持续。这就需要通过最严格的保护措施，保障生态系统能够维持在较高水平的平衡状态，通过生态保育和自我修复提高自身调节能力和抵抗力。

2. 生态空间和生态空间保护区

生态空间是相对城镇空间提出来的，是为缓解城镇建设和资源开发对生态环境的破坏和影响而需要明确界定的国土空间。生态空间以提供生态系统服务和生态产品为主导生态功能（高吉喜，2020），承担着维护区域生态安全、支撑社会经济可持续发展的重要功能。2017年，原国土资源部印发了《自然生态空间用途管制办法（试行）》（国土资发〔2017〕33号），办法中首次明确了自然生态空间的内涵，即自然生态空间是指具有自然属性、以提供生态产品或服务为主导功能的国土空间，涵盖需要保护和合理利用的森林、草原、湿地、河流、湖泊、滩涂、岸线、海洋、荒地、荒漠、戈壁、冰川、高山冻原、无居民海岛等。《生态保护红线划定指南》中对生态空间的定义为指具有自然属性、以提供生态服务或生态产品为主体功能的国土空间,包括森林、草原、湿地、河流、湖泊、滩涂、岸线、海洋、荒地、荒漠、戈壁、冰川、高山冻原、无居民海岛等,其定义与自然生态空间的定义没有明显差异。根据生态保护红线的定义可知,生态保护红线就是在生态空间中划定的,是生态空间中生态功能最重要、生态环境最为敏感脆弱的区域。

生态空间是生态主导的多尺度多功能空间,是分类管理的基础,生态空间管制主要考虑功能主导的生态空间差异。因此,生态空间分类管理需要考虑生态功能分类体系。不同尺度生态空间的生态功能分类不同,生态空间界限划分方法也有所不同(邹晓云,2018)。生态空间保护区域即是对生态空间范围内具有特殊和重要生态功能需要严格保护的区域,基于不同的保护对象和目标,通过建立自然保护地、划定生态保护红线以及其他类型保护区等形式,以加强生态空间管控的区域。

《江苏省生态空间管控区域规划》中将江苏省国家级生态保护红线和生态空间管控区域统称为生态空间保护区域。江苏省生态空间保护区域共划分为 15 类,总面积 23 216.24 km²。其中,国家级生态保护红线陆域面积为 8 474.27 km²,占全省陆域国土面积的 8.21%;生态空间管控区域面积为 14 741.97 km²,占全省陆域国土面积的 14.28%。同时,该规划在管控要求中提出:针对不同级别、类型的生态空间保护区域,实行分级分类保护措施,明确生态环境准入条件和负面清单,强化生态环境监管执法力度,确保各类生态空间得到有效保护。

1.1.3　研究现状

1. 生态系统健康评价

生态系统健康是生态系统稳定和可持续发展的根本特征,是生态系统管理的重要内容(马克明,2001;肖风劲,2002)。健康的生态系统在时间上具有维持其组织结构、自我调节和对胁迫的恢复能力(傅伯杰,2001;郭秀锐,2002)。生态系统健康不仅表现在生态学意义上,还表现在其所提供的生态系统服务功能及维持人类社会的福祉上(Meyer,1997)。开展生态系统健康评价更多地是要关注健康状态的动态趋势,预测未来发展情景,以便及时采取措施,维护生态安全(Su,2010)。

1941 年,美国著名生态学家 Aldo Leopold 首先定义了"土地健康"(land health)这一概念,并使用了"土地疾病"(land sickness)这一术语来描绘土地功能紊乱。随着全球性的生态环境问题日趋凸显,人类社会面临着生存与发展的巨大挑战,期间,生态学得到迅速发展。生态系统健康概念的提出已有近30年的历史,Schaeffer等首次研究了生态系统健康度量的问题(Schaeffer et al.,1988),Rapport(1989)最早论述了生态系统健康的内涵。随着生态系统健康概念的提出,一些与生态系统健康研究相关的国际学会组织先后成立。1988年,国际生态经济学会(International Society for Ecological Economics)和生态恢复学会(Society for Ecological Restoration)成立;1989年,水生生态系统健康与管理学会(Aquatic Ecosystem Health and Management Society)成立;1990年,国际环境伦理学会(International Society for Environment Ethics)成立;1993年,国际生态工程学会(International Ecological Engineering Society)成立;1994年,国际生态系统健康学会(International Society for Ecosystem Health,ISEH)成立并发行《生态系统健康》(*Ecosystem Health*)杂志,标志着生态系统健康作为一门新的综合性交叉学科出现。

早期的学者认为,当生态系统面对干扰时具有自我调节恢复能力,则该生态系统是健康的(Karr,1986),另一些学者则认为生态系统健康就是生态系统具有抵抗力稳定性,能够有效抵挡受到的干扰和伤害(Schaeffer et al.,1988;Rapport,1992)。国际生态系统健康学会将生态系统健康学定义为研究生态系统管理的预防性和诊断性的特征,以及生态系统健康与人类健康之间关系的一门科学(Costanza,1992)。国外一些权威学者认为生态系统健康是生态系统的综合特性,这种特性可以理解为在人类活动干扰下生态系统本身结构和功能的完整性(Costanza et al.,1992;Rapport et al.,1999)。随着生态学的不断发展,许多学者认为研究生态系统健康不仅要从生态系统自身出发,还应考虑生态系统的服务功能(Meyer et al.,1997),还有学者认为自然生态系统健康的核心在于通过生态系统结构与功能的完整性,保障生态系统服务功能的持续供给,最终满足人类需求,生态系统服务功能的维持也是评价生态系统健康的一个重要原则(Ren et al.,2000;Guo et al.,2002)。

生态系统健康评价的主要内容包括活力、恢复力、组织3个基本方面,Rapport在此基础上添加了管理选择、对邻近系统的破坏、生态系统服务功能的维持、外部输入减少、对人类健康的影响等标准(Rapport,1998)。也有学者认为生态系统健康评价主要包括评价生态系统自身的各项生态指标,如生态系统的结构、活力、恢复力、生物多样性等,评价生态系统健康与人类社会经济发展之间的关系,如经济发展水平、社会稳定性等,评价生态系统中的各项环境指标,如污染物水平等(王敏 等,2012)。

目前,国内外已有许多学者开展了生态系统健康评价的研究工作,比较早的完整的生态系统健康评价指标体系是联合国环境规划署(United Nations Environmental Programme,UNEP)于 1992 年在日内瓦建立的海洋生态系统健康评价指标体系(马克明 等,2001)。随着生态学的发展和完善,国内外学者根据不同的关键影响因子、区域特征、评估目的和目标制定了相应的生态系统健康评价指标体系,主要分为指示物种法与指标体系法,其中指标体系法又可细分为 VOR 综合指数评估法、层次分析法、主成分分析法、健康距离法等(杨斌 等,2010)。近些年,人工神经网络、物元分析等宏观的综合评价方法也被引入生态系统健康评价中。上述方法各有优缺点和适应范围,在近年来的实际应用中,指标体系法有大量的具体定量方法,多种评价方法经常组合使用,并不局限于某一套固定体系。

有学者认为区域是进行生态系统健康评价研究的关键尺度(彭建 等,2007)。近年来我国学者对特定区域开展了大量生态系统健康评价工作,大致可以分为两类:一类研究是将区域整体作为研究对象进行综合性的区域生态系统健康评价,另一类则在区域尺度上进行某一类生态系统的健康评价(刘焱序 等,2015)。

在国际空间数据共享平台规模日益扩大、GIS 与 RS 空间处理技术逐步成熟、各社会经济指标的统计资料体系逐步完善的背景下,对城市、景观、区域等层面的生态系统健康评价研究初步进入"大数据"时代。随着"大数据"时代数据源和数据量的不断上升,当前研究者在建立综合式的生态系统健康评价指标体系时,已经拥有远超前人的数据获取条件。而生态系统具有其自身的复杂性,并且伴随自身演替过程中存在的诸多不确定性,此外,生态系统健康的评价还涉及社会经济、人类健康和国家政策等多方面的因素。因此,发挥宏观生态学与地理学等多学科综合处理空间问题与区域问题的学科优势,完成指标体系与方法运用的创新,是生态系统健康评价研究的发展趋势。

2. 生态安全研究

生态安全这一概念于 20 世纪 70 年代提出。随着生物入侵、臭氧层空洞及气候变化等全球性环境公害的日趋凸显,生态安全越来越受到关注。1998年 10 月,"亚太安全与和平发展会议"首次提出"21 世纪最大政治问题一是生态安全,二是资源安全"。随后,美国、俄罗斯及欧盟一些国家和地区相继成立生态安全委员会。

生态安全概念的定义一直是生态安全研究的主题之一（贺培育 等，2009），国际上对生态安全概念的理解主要有以下几点：一是自然灾害越来越多；二是人口持续增长对环境的污染及土地的占用日趋严重；三是资源环境制约日益突出；四是生态安全仅涉及国家层面（肖笃宁 等，2002；王根绪 等，2003；陈柳钦，2002）。

广义的生态安全包括种群、群落、生态景观、生态系统、流域、陆海及人类生态的安全，具体指有效保护和利用地球资源和环境，维护人类安全、健康和发展而应该具有的发展状态或水平（国家发改委宏观经济研究院"宏观经济政策动态跟踪"课题组，2007）；狭义的生态安全是专指人类生态系统的安全，以人类生存环境为对象，是维持自然和半自然生态系统的安全（肖笃宁 等，2002），实现人类安全和经济社会可持续发展的基础和保障。并且，生态安全、生态治理和生态文明三者是有机统一的整体，生态安全是基础，生态治理是手段，生态文明是最终目标。

20 世纪 80 年代，国外学者最早将环境变化含义明确引入安全概念（Brown，1984）。20 世纪 90 年代到 21 世纪初，国外的生态安全研究经历了从环境变化与安全的经验性研究（Homer-Dixon et al. ，1993），到环境变化与安全的综合性研究（Spillman et al. ，1995），再到环境变化与安全内在关系的研究（Barnett，2003）的发展过程。通过 20 多年的研究，国外对生态安全的研究主要集中在以下几方面：人口的持续增长、污染的不断增多及土地利用的改变，导致生态环境压力在灾害和冲突中产生越来越重要的作用；环境压力的日益增加——自然资源获得的"质"与"量"的下降——可能引发的生态脆弱性和生态灾难；从机构机制、组织规章、经济活动和社会结构等层面制定策略应对生态安全；主要关注全球化的生态安全，对于中小尺度的生态安全的研究尚显薄弱。

随着社会经济的发展，我国生态环境问题不断显现。2000 年 12 月国务院发布《全国生态保护纲要》，第一次明确提出"维护国家生态环境安全"的目标。2012 年，党的十八大基于国情提出了"大力推进生态文明建设"的提议并将"生态文明建设"写入党章。2013 年，党的十八届三中全会提出划定生态保护红线，力求用制度保护生态环境。2014 年 4 月 15 日，中央国家安全委员会首次明确将生态安全纳入国家安全体系。我国的生态安全研究在 2000—2002 年间处于起步阶段，研究主要集中在生态安全的基础概念方面；在 2003—2005 年间我国生态安全研究迅速发展，研究主要集中在"生态系统评价"以及"中小尺度生态安全"方面;在2006—2011年间,我国生态安全研究经历转折期,生态安全评价研究成为研究热点,尤其是对中小尺度生态系统风险评价研究成为主要研究方向。近年来,国内生态安全研究已从宏观的、共性研究转向区域的、特性研究,研究重视对生态系统研究尺度、系统类别的区分,土地生态安全和城市生态安全成为生态安全的研究前沿(秦晓楠 等,2014)。

国内外生态安全研究的主要内容归结如下:按空间划分为全球、国家、区域和微观等范围的生态安全;按功能划分为生态系统健康和生态系统服务;按元素划分为海洋、森林、土地、景观、流域等的生态安全;生态安全评价等(蔡俊煌,2015)。

综上所述,国外的生态安全研究与国内的生态安全研究在研究尺度、研究方向上存在较大的差异。国外的生态安全研究主要集中于辨识生态安全系统外部的压力及冲突,解析外部压力与生态安全系统间的互动,并注意到人文社会系统演变对生态脆弱性的影响。其研究的尺度大多是在全球或是国家层面上,研究对象主要是针对发展中国家及处于贫困和边缘化的国家,但在生态安全的演变趋势及驱动机制等方面尚待深入(Suding,2015)。相较而言,国内的生态安全研究仍然处于起步阶段,其研究尺度主要集中在区域水平上,研究内容主要集中在基础理论和研究结论的实证验证上。总体上,国内生态安全研究缺乏研究领域拓展和延伸,研究前沿缺乏多态化的探索及深入化的拓展。

1.2 研究内容与方法

1.2.1 研究内容

本书通过对南京市生态红线区域土地利用与景观格局变化分析、生态红线区域与建设用地空间协调性评价、生态红线区域生态系统服务价值核算、生态红线区域生态系统健康评价,对南京市生态红线区域生态环境状况和生态安全发展变化进行研究,针对生态红线区域面临的生态安全问题提出了应对措施。主要研究内容包括以下几个方面:

1. 生态红线区域土地利用与景观格局变化研究

利用遥感和土地利用数据,对南京市生态红线区域内的土地利用时空变化进行研究,分析红线内土地利用的时空变化趋势,以及生态红线区域的景观指数。结合南京市自然环境和社会经济的发展,对土地利用和景观格局变化的驱动力进行分析。

2. 生态红线区域与建设用地空间协调性研究

提取南京市生态红线区域和建设用地信息,通过建立互斥分类矩阵,按照优先保护、控制开发的原则,对生态红线区域与建设用地空间布局状态进行协调性研究,分析生态红线区域和建设用地在空间分布上的互斥性和协调性。

3. 生态红线区域生态系统服务价值核算

以当量因子法为基础,通过对不同类型生态系统服务价值的修正,对生态红线区域的生态系统服务价值进行核算,研究生态红线区域的重要性及不同类型生态系统的生态效益,分析生态红线区域生态系统服务价值的变化趋势。

4. 生态红线区域生态系统健康评价

基于生态系统健康研究成果,构建由活力、组织结构、恢复力、生态系统服务功能和人类活动干扰 5 个因素组成的生态系统健康评价模型和指标体系,对南京市生态红线区域的生态系统健康状况进行评价,分析生态系统健康状况及发展趋势。

最后,综合各章节研究结果,针对南京市生态红线区域的生态安全问题,提出生态保护应对措施。

1.2.2　研究方法

1. 文献资料法

依托期刊网、图书馆、网络资料等广泛收集国内外相关研究文献和资料,分析总结并借鉴自然保护地研究、生态安全研究、土地利用/覆被和景观格局研究、生态系统服务价值核算、生态系统健康评价等研究成果和研究方法。

通过统计网站、互联网,以及南京市环保局、国土局、规划局等相关部门收集南京市自然环境、生态红线、土地利用、社会经济、气象数据,以及遥感影像资料等,对获得的数据资料进行处理、分析。

2. 土地利用与景观格局分析方法

选取南京市 2000 年、2005 年、2010 年和 2015 年四期遥感影像和土地利用/覆被数据,借助地理信息系统的空间分析技术对南京市生态红线区域的土地利用空间变化情况进行研究,应用土地利用转移矩阵、土地利用动态度、土地利用程度综合指数等分析方法,对生态红线区域内土地利用的时空变化进行分析;借助 Fragstats 4.2 软件,计算生态红线区域的景观指数,对景观格局及其演变进行分析。

3. 生态红线区域与建设用地空间协调性研究方法

利用 ArcGIS 软件平台,将研究区域按公里网格划分成 7 042 个格网单元,运用叠置分析工具(Intersect)将生态红线数据和建设用地数据切分至网格单元。通过建立互斥分类矩阵,研究生态红线区域和建设用地的空间交互状态,分析两者之间的互斥性和协调性。

4. 生态系统服务价值核算方法

采用当量因子法对生态系统服务价值进行核算,并通过净初级生产力和植被覆盖度两个参数对生态系统服务价值进行修正。将净初级生产力数据和植被覆盖度数据进行重采样处理,得到与南京市土地利用情况一致的空间分辨率 30 米数据。运用栅格计算器进行叠加计算,得到不同年度南京市生态系统服务价值修正系数。

5. 生态系统健康评价方法

生态系统健康是生态系统的综合特性,它具有活力、稳定和自调节的能力。健康的生态系统是生态系统的结构和功能的综合反映。为此,通过构建活力、组织结构、恢复力、生态系统服务功能和人类活动干扰 5 个层面的指标体系,运用层次分析法确定各指标的权重,对南京市生态红线区域的生态系统健康进行评价。

1.3 数据来源与处理方法

1.3.1 数据来源

1. 遥感数据

本研究选用陆地卫星 Landsat-5 TM(Thematic Mapper)、Landsat-7 ETM+(Enhanced Thematic Mapper plus)、Landsat-8 OLI(Operational Land Imager)和 TIRS(Thermal Infrared Sensor)传感器影像。研究区卫星轨道号 120038,分辨率 30 m × 30 m,投影坐标系为 UTM(Universal Transverse Mercator Grid System,通用横墨卡托格网系统),地理坐标系为 WGS84(World Geodetic System 1984,1984 年世界大地坐标系统),累计获取

影像数据 28 景，为了研究方便，其中云层覆盖度较大月份的影像，由相邻年份同月份影像替代。详见表 1-1。

表 1-1 Landsat 系列遥感影像数据

传感器类型	影像日期	反演 NPP 年/月
Landsat-5 TM	2000/2/29	2000/3
	2000/4/17	2000/4
	2000/5/3	2000/5
	2000/7/22	2000/6、2000/7、2000/8
	2000/10/10	2000/9、2000/10、2000/11
	2001/1/14	2000/1、2000/12
	2001/2/15	2000/2
	2004/12/8	2005/12
	2005/2/26	2005/2、2005/3
	2005/10/24	2005/10、2005/11
	2006/1/28	2005/1
	2006/4/2	2005/4
	2006/5/20	2005/5、2005/6
	2006/8/8	2005/7、2005/8、2005/9
	2010/8/19	2010/7、2010/8、2010/9
Landsat-7 ETM+	2009/1/28	2010/1、2010/2
	2009/6/5	2010/5、2010/6
	2010/4/5	2010/3、2010/4
	2010/10/30	2010/10、2010/11
	2010/12/17	2010/12
Landsat-8 OLI&TIRS	2014/6/11	2015/5、2015/6
	2014/11/18	2015/10、2015/11
	2015/1/21	2015/1
	2015/9/2	2015/7、2015/8、2015/9
	2016/1/8	2015/12
	2016/2/25	2015/2
	2016/3/28	2015/3
	2016/4/29	2015/4

2. 气象数据

反演地表温度的气象数据来自南京市周边 4 个气象站(南京、浦口、六合、溧水)和 1 个辐射站,包括 2000－2015 年月平均气温、月降水和月太阳总辐射。数据获取于中国气象科学数据共享服务网,利用克里金插值法将基于气象站点的气象参数插值为栅格面,分辨率 30 m×30 m,投影坐标系和地理坐标系与遥感数据一致。

3. 土地利用/覆被数据

土地利用/覆被数据来自 2000 年、2005 年、2010 年和 2015 年的 Landsat TM/ETM、HJ CCD 遥感数据,空间分辨率为 30m。土地利用/覆被图例系统中,一级为 6 类,对应 IPCC 的 6 类,二级类型由 FAO LCCS 的方法进行定义,共 38 类,具有统一的数据代码。

1.3.2　数据处理方法

1. 植被覆盖指数($NDVI$)

$NDVI$ 基于遥感数据计算获得,计算公式如下:

$$NDVI = \frac{NIR - R}{NIR + R} \tag{1-1}$$

式中:NIR 和 R 分别为近红外波段和红光波段处的反射率值。

2. 植被覆盖度(F_v)

植被覆盖度是指植被(包括叶、茎、枝等)在地面的垂直投影面积占统计区域总面积的百分比,主要用遥感方法来估算区域的植被覆盖度。$NDVI$ 能较好地反映植被覆盖度和生长状况的差异,本书利用 $NDVI$ 的像元二分模型(Liu,1999)近似估算 F_v 的公式如下:

$$F_v = \frac{NDVI - NDVI_{min}}{NDVI_{max} - NDVI_{min}} \tag{1-2}$$

式中:F_v 为像元的植被覆盖度;$NDVI$ 为像元的植被覆盖指数;$NDVI_{max}$ 和 $NDVI_{min}$ 分别为区域内最大和最小的 $NDVI$ 值。

3. 净初级生产力(NPP)

净初级生产力指绿色植物在单位时间和单位面积上所累积的有机干物质的总质量,是从光合作用所产生的有机物总质量中扣除自养呼吸后的剩余部分(Rouse,1974)。本书以广泛应用的 CASA 模型(Liu,1999;Potter,1993;

Zhou,2014)来估算 NPP，NPP 可以通过植物吸收的光合有效辐射 $APAR$ (Absorbed Photosynthetically Active Radiation)和实际光能利用率 ε 进行估算，估算公式如下：

$$NPP(x,t) = APAR(x,t) \times \varepsilon(x,t) \tag{1-3}$$

式中：$NPP(x,t)$ 为像元 x 上的植被在 t 时间内的净初级生产力，$\mathrm{gC \cdot m^{-2}}$；$APAR(x,t)$ 为像元 x 上的植被在 t 时间内吸收的光合有效辐射量，$\mathrm{MJ \cdot m^{-2}}$；$\varepsilon(x,t)$ 为像元 x 上的植被在 t 时间内的光合转换率，$\mathrm{gC \cdot MJ^{-1}}$。

$$APAR(x,t) = SOL(x,t) \times FPAR(x,t) \times 0.5 \tag{1-4}$$

式中：$SOL(x,t)$ 为像元 x 上的植被在 t 时间内的太阳总辐射量，$\mathrm{MJ \cdot m^{-2}}$；$FPAR(x,t)$ 为植被层对入射光合有效辐射的吸收比例，无量纲，由 $NDVI$ 决定；常数 0.5 为植被层能利用的太阳有效辐射占太阳总辐射的比例。

$$\varepsilon(x,t) = T_{\varepsilon 1}(x,t) \times T_{\varepsilon 1}(x,t) \times W_{\varepsilon}(x,t) \times \varepsilon_{\max} \tag{1-5}$$

式中：$T_{\varepsilon 1}(x,t)$ 和 $T_{\varepsilon 1}(x,t)$ 为高温和低温对光能利用率的胁迫作用，无量纲；$W_{\varepsilon}(x,t)$ 为水分胁迫系数，无量纲；$\varepsilon_{\max}$ 为理想条件下最大光能利用率，$\mathrm{gC \cdot MJ^{-1}}$。

1.4 技术路线

本书以南京市优化调整后的生态红线为研究对象，通过收集 2000 年、2005 年、2010 年和 2015 年四期遥感影像、土地利用、自然环境和社会经济等资料，对南京市生态红线区域土地利用变化景观格局演变趋势进行了分析，并对生态红线区域与建设用地的协调性进行了研究，对生态红线区域的生态系统服务价值进行了核算。在此基础上，通过构建生态系统健康评价模型，对南京市生态红线区域的生态系统健康状态进行研究，并针对生态红线区域面临的生态安全问题，提出应对措施。技术路线如图 1-1 所示：

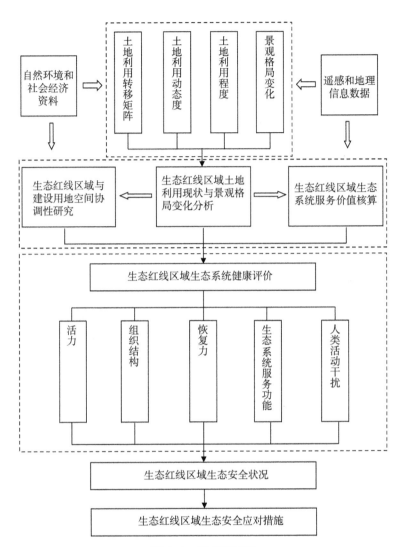

图 1-1 技术路线图

第二章
研究区概况与数据来源

2.1　自然环境概况

2.1.1　地理位置

南京市位于我国长江下游地区,江苏省西南部,北连辽阔肥沃的江淮平原,东接我国生产力布局中最大的经济核心区——长江三角洲地区。南京濒江近海,地理位置十分重要,是中国重要的交通、港口、通讯枢纽。市域地理座标为北纬 $31°14'\sim32°37'$,东经 $118°22'\sim119°14'$。全市行政区域总面积 6 587 km^2,2015 年建成区面积 923.8 km^2。下辖 11 个区,包括市区的玄武区、秦淮区、鼓楼区、建邺区、栖霞区、雨花台区,以及六合区、浦口、江宁区、溧水区、高淳区。详见图 2-1。

图 2-1　研究区位置图

2.1.2　地形地貌

南京地区的大地构造位于扬子断块区的下扬子断块,基底由上元古界浅变质岩系组成,覆盖层由华南型古生界及中生界、新生界组成。南京地貌属于宁镇丘陵地区,系属老山山脉余脉向东北延伸的低丘地带,地形以低山、丘陵为骨架,以环状山、条带山、箕状盆地为主要特色,组成了一个以岗地为主,低山、丘陵、平原、洲地交错分布的地貌综合体。宁镇山脉和江北的老山横亘市域中部,南部有秦淮流域丘陵岗地南界的横山、东庐山。低山占南京市土地总面积的 3.5%,丘陵占 4.3%,岗地占 53%,平原、洼地及河流湖泊占39.2%。

南京市平面位置南北长、东西窄,成正南北向;南北直线距离 150 km,中部东西宽 50～70 km,南北两端东西宽约 30 km。南面是低山、岗地、河谷平原、滨湖平原和沿江河地等地形单元构成的地貌综合体。南京市区坐落在秦淮河与长江共同作用形成的高河漫滩上,为河谷盆地。宁镇山脉分成东、中、南三支切近城市边缘或楔入城区,形成市区三面环山一面临江的地势,呈西北开口的簸箕状,这种盆地的特殊地貌形势,不利于热空气的扩散,也不利于城市大气污染物的扩散。

2.1.3 水文水系

南京市境内水系分别属于长江、淮河、太湖三大水系,其中,市域内淮河、太湖水系面积很小,长江水系覆盖了南京市的大部分地区。南京市境内共有骨干河道 120 条,分属两江(长江、青弋江-水阳江)、两湖(固城湖、石臼湖)、两河(滁河、秦淮河),以跨省、市的流域划分水系,可划分为长江南京段、滁河、秦淮河、青弋江-水阳江、淮河、太湖水系。

1. 长江南京段

长江南京段上起江宁区和尚港、下迄栖霞区大道河口,全长 93 km,平均水深超过 15 m,江面宽阔,支流众多,水流较平缓,两岸工厂林立,江河上水运繁忙,万吨海轮可终年通航,被誉为"黄金水道"。

长江南京段水量丰富,最大流量 93 600 m³/s(1954 年 8 月)、最小流量6 000 m³/s(1963 年 2 月),长江南京段为感潮河段,水位为非正规半日潮混合型,每日两涨两落,涨潮历时 3 h 左右,落潮历时 9 h 左右,多年平均潮位5.27 m,最高潮位为 10.22 m(1954 年 8 月 17 日),最低潮位仅 1.54 m(1956年 1 月 9 日),多年平均潮差 0.51 m,最大潮差可达 1.56 m。

2. 水阳江

青弋江-水阳江流域位于长江下游右岸,总流域面积 18 850 km²,其中南京流域面积为 1 320 km²,占总流域面积的 7%。水阳江源于天目山,上游三条支流东、中、西津河在安徽省河沥溪附近汇合为干流,经宣城后至苏皖两省交界处,再经水阳镇、西陡门等处由安徽当涂入长江,沿线有水碧桥河、运粮河分别与固城湖、石臼湖沟通。水阳江干流全长 273 km,流域面积为 10 385 km²。南京位于水阳江下游,河段长度为 33.3 km。

3. 固城湖

固城湖位于南京市南部,湖区面积 35.7 km²,平均水深 1.6 m,湖区分属南京市的高淳区和安徽省的宣城县。固城湖区地势低洼,是天然的滞湖区和防洪走廊,湖周围植被良好,因围湖造田形成大小湖区,主要功能为饮用、渔业和景观。

4. 石臼湖

石臼湖位于南京市西南部,湖区面积 207.65 km²,平均水深 1.67 m,湖区分属南京市的溧水区、高淳区和安徽省当涂县。石臼湖主要功能为渔业和景观。

5. 滁河南京段

滁河源出安徽省肥东县,全长 265 km,滁河南京段全长 116 km,流域面积约 1 700 km²,自西南向东北,流经南京的六合区、浦口区,自六合区大河口汇入长江,其间有马汊河、朱家山河、岳子河、划子口河等 4 条分洪道。滁河南京段现有功能以农田灌溉为主,其次为航运和水产养殖。

6. 秦淮河

秦淮河全长约 110 km,流域面积 2 631 km²,流经镇江、南京两市。其中南京市区和溧水区分别占 48.7% 和 17.9%,其余属上游句容市。

秦淮河南京段主流从江宁区上坊桥进入南京市市区前,分为两支:一支绕城墙而过,汇城内来水经三汊河口进入长江,全长 13.7 km,称为外秦淮河;另一支在城内曲折蜿蜒,汇水面积 24.2 km²,称为内秦淮河,即"十里秦淮",为历朝名胜。1975—1980 年南京市政府人工开挖秦淮新河,秦淮新河由江宁区东山镇西接秦淮河,经西善桥、沙洲圩至金胜村入长江,全长 18 km。秦淮河主要提供农业灌溉用水、航运和游览等功能。

秦淮河流域平均径流量为 8.54 亿 m³。据多年实测资料统计,下关站年最高潮位多年平均 8.37 m,最高潮位 10.22 m(1954 年 8 月 17 日)。赤山湖赤山闸(上)最高水位 13.63 m(1991 年 6 月 15 日)。秦淮河干流东山站,多年平均水位 6.57 m,最高水位 10.74 m(1991 年 7 月 11 日)。武定门闸(上)多年平均高水位 6.59 m,低水位 6.45 m,最高水位 10.31 m(1991 年 7 月 11

日),最大下泄流量 509 m³/s(1974 年 8 月 1 日)。秦淮新河闸最大下泄流量 971 m³/s(1991 年 7 月 11 日)。

2.1.4 气候特点

南京市地处中纬度大陆东岸,属北亚热带季风气候,具有季风明显、降水丰沛、四季分明的气候特征,冬夏长而春秋短,冬季干旱寒冷,夏季炎热多雨。年平均温度 16 ℃,夏季最高可达 38 ℃,冬季最低−8 ℃。历史最高气温43 ℃(1934 年 7 月 13 日),最低气温−16.9 ℃(1955 年 1 月 6 日),最热月平均温度28.1 ℃,最冷月平均温度−2.1 ℃。无霜期长,年平均 239 d。

南京市常年平均降雨在 120 d 左右,平均降雨量在 1 100 mm 左右。以 6、7 月黄梅季节雨量最多,全年约有 55% 的降水集中在 5—8 月。在季节分配上,夏季最多,冬季最少,春季的降水量大于秋季。

南京市的年日照时数介于 1987∼2 200 h 之间,年日照百分率在 50% 左右。太阳总辐射量115 kcal/(cm² • a)。南京市属季风气候,冬夏间风向转换十分明显,秋、冬季以东北风为主,春、夏季以东风和东南风为主。

主要气象灾害有台风、寒潮、连阴雨、冰雹、炎热高温和旱涝。丘陵岗地的干旱缺水和平原圩区的洪涝灾害时有发生。

2.1.5 植被分布

在中国综合自然区划分中南京属于"淮南与长江中下游"区。在自然地理组成上,植被以落叶阔叶林和常绿阔叶林为主,竹林等植被类型也比较常见。但自然植被在历史上屡遭严重破坏,几乎全部消失,现有植被多属次生性质,其中人工林面积大于自然恢复的次生林。

南京的植被主要有落叶针叶林、常绿针叶林、落叶阔叶林、针阔混交林、竹林、灌丛、草丛等植被类型。落叶针叶林为人工林,主要有水杉、池杉、落羽杉等树种,栽培于湖滩、河堤、田埂、路旁及村庄周围。常绿针叶林以马尾松林和杉木林最多,大多为人工育林,另外还有黑松、湿地松、侧柏、柏木等常绿针叶林,基本也都是人工栽培。落叶阔叶林为天然次生林,主要以朴树、盐肤木、刺槐、枫香、黄连木、锥栗、黄檀等为基本建群种,混有刺楸、野漆树、椴树等。同时,在落叶阔叶林及松林中常有冬青、青冈、苦槠、石楠、小叶石栎等常绿种零散分布,但无论是盖度还是频度都较小,对群落作用不大。竹林在南京也有零散分布,多为人为栽种,长势较好,可能与南京地区充足的雨水有关。竹林主要以人工毛竹林多见，另有部分刚竹林、淡竹林与桂竹林等。天然竹林有水竹林、篌竹林、短穗竹林等，但数量不多。

2.2　生态红线区域概况

2.2.1　生态红线划分方法

南京市生态红线的划分主要依据现有自然生态环境条件，以自然生态系统的完整性、生态系统服务功能的一致性、生态空间的连续性为核心，在对区域生态环境现状评估、生态环境敏感性评估的基础上，分析区域生态系统的结构和功能，重点开展生态系统服务功能重要性评价，确定不同区域的主导生态功能，提出生态红线的分类体系（燕守广 等，2007）。主要包括以下内容：

1. 生态环境现状评估

生态环境现状评估是划分生态红线的基础性工作。主要利用 RS 和 GIS 技术，分析和研究不同地区的自然地理条件、生态环境状况和生态系统特征，以明确不同地区生态系统类型的空间分异规律和分布格局。

2. 生态系统服务功能重要性评价

生态系统服务功能是指生态系统与生态过程所形成及所维持的人类赖以生存的自然环境条件与效用，它不仅为人类提供了食品、医药及其他生产生活原料，还创造与维持了地球生命支持系统，形成了人类生存所必需的环境条件（欧阳志云，1999）。生态系统服务功能的重要性决定了其生态区位，是划分生态红线的重要依据。为此，针对区域典型的生态系统，分别评价气候调节、水源涵养、洪水调蓄、环境净化、营养物质保持、生物多样性保护、科研文化等生态系统服务功能。结合自然资源开发利用和土地利用规划分析，在区域上综合评定生态系统的服务功能及其重要性，提取生态系统服务功能最重要的区域。

3. 生态功能定位

生态红线区域保护的重点是其主导生态功能。因此，在划定生态红线之前，应依据生态系统的结构和功能特征分析重要性评价的结果，识别生态系统所发挥的多重生态功能，通过对保护对象的生态系统结构和功能的特征分析，确定最重要的生态功能，为生态红线区域的分类奠定基础。区域确定的重要的生态功能也是今后开展生态保护、制定区域发展方向的重要依据。

2.2.2　生态红线区域分类

1. 自然保护区

指对有代表性的自然生态系统、珍稀濒危野生动植物物种的天然集中分布区、有特殊意义的自然遗迹等保护对象所在的陆地、陆地水体或者海域,依法划出一定面积予以特殊保护和管理的区域。

2. 风景名胜区

指具有观赏、文化或者科学价值,自然景观、人文景观比较集中,环境优美,可供人们游览或者进行科学、文化活动的区域。

3. 森林公园

指森林景观优美,自然景观和人文景物集中,具有一定规模,可供人们游览、休息或进行科学、文化、教育活动的场所。

4. 地质遗迹保护区

指在地球演化的漫长地质历史时期,由于各种内外动力地质作用,形成、发展并遗留下来的珍贵的、不可再生的地质自然遗产。

5. 湿地公园

指以保护湿地生态系统、合理利用湿地资源为目的,可供开展湿地保护、恢复、宣传、教育、科研、监测、生态旅游等活动的特定区域。

6. 饮用水水源保护区

指为保护水源洁净,在江河、湖泊、水库、地下水源地等集中式饮用水源划定一定范围的水域和陆域,并需要加以特别保护的区域。

7. 海洋特别保护区

指具有特殊地理条件、生态系统、生物与非生物资源及海洋开发利用特殊要求,需要采取有效的保护措施和科学的开发方式进行特殊管理的区域。

8. 洪水调蓄区

指对流域性河道具有削减洪峰和蓄纳洪水功能的河流、湖泊、水库、湿地及低洼地等区域。

9. 重要水源涵养区

指具有重要水源涵养、河流补给和水量调节功能的河流发源地与水资源补给区。

10. 重要渔业水域

指对维护渔业水域生物多样性具有重要作用的水域,包括经济鱼类集中分布区、鱼虾类产卵场、索饵场、越冬场、鱼虾贝藻养殖场、水生动物洄游通道、苗种区和繁殖保护区等。

11. 重要湿地

指在调节气候、降解污染、涵养水源、调蓄洪水、保护生物多样性等方面具有重要生态功能的河流、湖泊、沼泽、沿海滩涂和水库等湿地生态系统。

12. 清水通道维护区

指具有重要水源输送和水质保护功能的河流、运河及其两侧一定范围内予以保护的区域。

13. 生态公益林

指以生态效益和社会效益为主体功能,以提供公益性、社会性产品或者服务为主要利用方向,并依据国家规定和有关标准划定的森林、林木和林地,包括防护林和特种用途林。

14. 太湖重要保护区

指太湖湿地生态系统。包括太湖湖体、湖中岛屿以及与太湖湖体密切相关的沿岸湿地、林地、草地、山地等生态系统。

15. 特殊物种保护区

指具有特殊生物生产功能和种质资源保护功能的区域。

2.2.3 南京市生态红线区域概况

南京市优化调整后的生态红线区域总面积 1 553.63 km^2,占全市国土面积的 23.59%,其中,一级管控区面积 424.31 km^2,二级管控区面积 1 129.32 km^2,分别占生态红线区域总面积的 27.31% 和 72.69%。

按区域统计(表 2-1),生态红线区域总面积和一级管控区面积最大的地区都是江宁区,总面积达 328.11 km^2,一级管控区面积 150.83 km^2;生态红线区域总面积最小的是市区,仅有 132.86 km^2。

按类型统计(表 2-2),在 12 种生态红线区域类型中,面积最大的是饮用水水源保护区,达 390.58 km^2,其后是风景名胜区和重要水源涵养区,分别达 365.18 km^2 和 324.67 km^2,面积最小的是清水通道维护区,仅 11.02 km^2。在所有类型中,一级管控区占自身面积比例最大的是自然保护区,达 60.69%,其次是生态公益林、地质遗迹保护区、森林公园,洪水调蓄区和清水通道维护区没有一级管控区如图 2-1 所示。图 2-2、图 2-3 所示为生态红线区域标示牌和生态红线区域界桩。

表 2-1 南京市生态红线区域面积统计

区属	一级管控区 （km²）	二级管控区 （km²）	总面积 （km²）	占国土面积比例 （%）
南京市区	68.69	64.17	132.86	2.02
江宁区	150.83	177.28	328.11	4.98
浦口区	78.92	132.59	211.51	3.21
六合区	35.28	288.67	323.95	4.92
溧水区	61.93	251.90	313.83	4.76
高淳区	28.66	214.71	243.37	3.69
总计	424.31	1 129.32	1 553.63	23.59

表 2-2 南京市生态红线区域类型统计

类型	个数	一级管控区 （km²）	二级管控区 （km²）	总面积 （km²）
地质遗迹保护区	4	10.08	16.83	26.91
风景名胜区	12	18.38	346.80	365.18
洪水调蓄区	8	0.00	47.67	47.67
清水通道维护区	7	0.00	11.02	11.02
森林公园	11	84.88	146.62	231.50
生态公益林	18	64.97	95.46	160.43
湿地公园	7	17.86	117.80	135.66
饮用水水源保护区	18	53.23	337.35	390.58
重要湿地	8	27.06	113.02	140.08
重要水源涵养区	13	84.94	239.73	324.67
重要渔业水域	2	0.62	74.81	75.43
自然保护区	3	70.76	45.83	116.59
总计*	111	432.78	1 592.94	2 025.72

* 由于部分生态红线区域存在交叉重叠，分类汇总的生态红线区域面积大于实际受保护地面积。

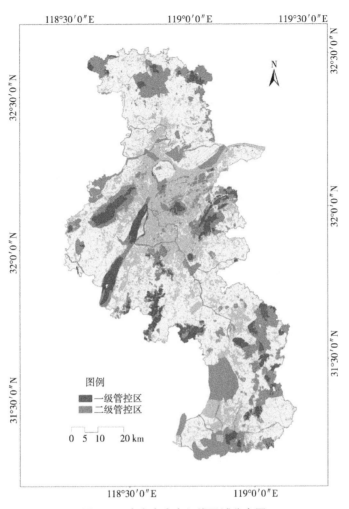

图 2-1　南京市生态红线区域分布图

图 2-2　生态红线区域标示牌

图 2-3　生态红线区域界桩

第三章
生态红线区域土地利用与景观格局变化

3.1　土地利用状况分析

3.1.1　土地利用/覆被分类系统

本书采用的是全国 30 m 分辨率土地利用/覆被分类系统,共分为两级:一级为 IPCC(联合国政府间气候变化专门委员会)土地覆被类型,分为 6 类;二级为基于碳收支的 LCCS(地表覆盖分类系统)土地覆被类型,共 38 类。

在全国 30 m 分辨率土地利用/覆被分类中,将森林湿地、灌丛湿地、草本湿地,以及湖泊、水库、河流等统一归为湿地类型,是较为广义的湿地类型。实际上前 3 类湿地与后面的水域存在较大区别,为了后面计算生态系统服务价值时有所区分,本书将原一级分类中的湿地类型分为湿地和水域两个一级类型,其中森林湿地、灌丛湿地、草本湿地归为湿地,湖泊、水库/坑塘、河流、运河/水渠归为水域。需要说明的是,"其他类型"在南京市土地利用现状中几乎不存在,因此实际上是 6 种类型。

调整后的南京市土地利用类型分为林地、草地、耕地、湿地、水域和人工表面 6 种类型。详见表 3-1。

表 3-1　南京市土地利用/覆盖分类体系

序号	Ⅰ级分类	代码	Ⅱ级分类	代码	Ⅱ级分类	代码	Ⅱ级分类
1	林地	101	常绿阔叶林	102	落叶阔叶林	103	常绿针叶林
		104	落叶针叶林	105	针阔混交林	106	常绿阔叶灌木林
		107	落叶阔叶灌木林	108	常绿针叶灌木林	109	乔木园地
		110	灌木园地	111	乔木绿地	112	灌木绿地
2	草地	21	草甸	22	草原	23	草丛
		24	草本绿地				
3	耕地	41	水田	42	旱地		
4	湿地	31	森林湿地	32	灌丛湿地	33	草本湿地
5	水域	34	湖泊	35	水库/坑塘	36	河流
		37	运河/水渠				
6	人工表面	51	居住地	52	工业用地	53	交通用地
		54	采矿场				
7	其他	61	稀疏林	62	稀疏灌木林	63	稀疏草地
		64	苔藓/地衣	65	裸岩	66	裸土
		67	沙漠/沙地	68	盐碱地	69	冰川/永久积雪

3.1.2 南京市土地利用现状及变化

根据土地利用遥感解译数据,南京市 2000 年、2005 年、2010 年和 2015 年土地利用类型分布如图 3-1 所示:

图 3-1 南京市不同时期土地利用类型

依据土地利用遥感解译数据,南京市土地利用类型面积统计如表3-2所示,土地利用变化情况如图3-2所示。各土地利用类型中,耕地面积分布最大,2000年共有耕地4 319.35 km²,占到了市国土面积的65.57%,但耕地面积逐年下降,到了2015年,耕地面积下降到3 202.70 km²,占市国土面积的比例为48.62%,仍然是面积最大的类型。南京市因有长江穿境而过,水系十分发达,河湖密布,比如石臼湖、高淳湖等,水域面积在全市各土地利用类型中居次,2015年水域面积达781.47 km²,水域面积自2000年至2005年略有增长,之后又逐渐下降。由于多年来受到保护,以及植树造林的推动,南京市林地面积不断增加,已由2000年的625.91 km²增长到2015年的851.40 km²,林地面积已占市国土面积的12.93%。南京市湿地和草地面积比较小,特别是草地面积仅占市国土面积的0.13%,2000年至2015年间,草地面积略有增长,而湿地面积略有下降,与其他土地利用类型相比,湿地和草地的面积变化

表3-2　南京市土地利用类型面积统计

类型	2000 年		2005 年		2010 年		2015 年	
	面积(km²)	占比(%)	面积(km²)	占比(%)	面积(km²)	占比(%)	面积(km²)	占比(%)
林地	625.91	9.50	645.27	9.80	718.99	10.92	851.40	12.93
草地	7.90	0.12	7.66	0.12	7.78	0.12	8.40	0.13
耕地	4 319.35	65.57	3 841.84	58.32	3 436.79	52.18	3 202.70	48.62
湿地	46.52	0.71	46.16	0.70	45.73	0.69	45.39	0.69
水域	768.02	11.66	828.19	12.57	811.96	12.33	781.47	11.86
人工表面	819.32	12.44	1 217.90	18.49	1 565.77	23.77	1 697.66	25.77
合计	6 587.02	100.00	6 587.02	100.00	6 587.02	100.00	6 587.02	100.00

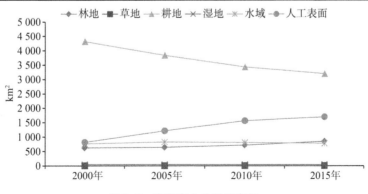

图3-2　南京市土地利用变化

都很小。随着人口的不断增长和社会经济的迅速发展,特别是城镇化的提高,建设用地的面积持续增加。南京市人工表面的面积由 2000 年的 819.32 km² 迅速增长到 2015 年的 1 697.66 km²,面积增加一倍以上。

3.1.3 生态红线区域土地利用现状及变化

2015 年,南京市生态红线区域内不同土地利用类型面积由大到小依次为:林地 511.74 km²、耕地 456.96 km²、水域 432.58 km²、人工表面 118.00 km²、湿地 32.79 km²、草地 1.56 km²。回顾 2000 年以来的变化情况可以看出,不同时期生态红线区域内的土地利用状况存在明显变化。详见表 3-3 和图 3-3。

2000 年,在已划定的生态红线区域内的不同土地利用类型中,耕地面积最大,达到了 608.67 km²,其后依次是林地和水域,由于南京市湿地和草地面积总量较小,其在生态红线区域内的面积也比较小。自 2000 年以来,生态红线区域内的林地面积持续增加,而耕地面积逐年减少。到 2015 年,林地面积显著增加,达到 511.74 km²,占比达 32.94%,已超过耕地成为生态红线区域中面积最大的生态系统类型。生态红线区域内的水域面积总体比较稳定,在生态红线区域中的占比变化不大,基本保持在 28% 左右。而湿地和草地的面积都很小,多年来一直变化不大。人工表面在生态红线区域中所占的比重也逐年增加,到 2015 年已达 118.00 km²,占比 7.60%。

表 3-3　南京市生态红线区域内土地利用类型面积统计

类型	2000 年		2005 年		2010 年		2015 年	
	面积(km²)	占比(%)	面积(km²)	占比(%)	面积(km²)	占比(%)	面积(km²)	占比(%)
林地	425.00	27.36	433.08	27.88	460.27	29.63	511.74	32.94
草地	2.02	0.13	1.80	0.12	1.45	0.09	1.56	0.10
耕地	608.67	39.18	562.62	36.21	509.98	32.83	456.96	29.41
湿地	31.82	2.05	31.74	2.04	31.90	2.05	32.79	2.11
水域	423.11	27.23	436.51	28.10	436.35	28.09	432.58	27.84
人工表面	63.01	4.06	87.88	5.66	113.68	7.32	118.00	7.60
合计	1 553.63	100.00	1 553.63	100.00	1 553.63	100.00	1 553.63	100.00

需要说明的是,生态红线区域是在生态空间内划定的,是生态空间内最重要、最核心的部分。生态空间与城镇空间和农业空间相对应,是指具有自然属性、以提供生态服务或生态产品为主体功能的国土空间,包括森林、草原、湿地、河流、湖泊、滩涂、岸线、海洋、荒地、荒漠、戈壁、冰川、高山冻原、无

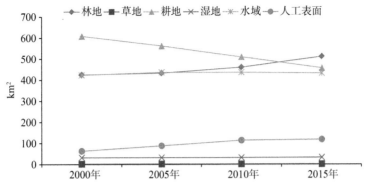

图3-3　南京市生态红线区域土地利用状况变化

居民海岛等。因此,生态红线区域内原则上不应有建设用地(人工表面)和农业用地(耕地),但在划定生态红线区域时,为保障生态红线区域的生态完整性和连续性,一些间杂分布的村庄、居民点、道路,以及果园、农田等也被划入生态红线区域。

3.2　土地利用类型空间变化

3.2.1　土地利用转移矩阵分析方法

土地利用转移矩阵来源于系统分析中对系统状态与状态转移的定量描述(徐岚,1993)。土地利用转移矩阵能够很好地反映出一定区域某一时段期初和期末各地类面积之间相互转化的动态过程信息,不仅包括静态地类面积数据信息,而且包括地类面积转出和地类面积转入的动态信息(乔伟峰,2013)。土地利用转移矩阵通用方程表示如下:

$$\boldsymbol{S}_{ij} = \begin{bmatrix} S_{11} & S_{12}\cdots & S_{1n} \\ S_{21} & S_{22}\cdots & S_{2n} \\ \cdots & \cdots & \cdots \\ S_{n1} & S_{n1}\cdots & S_{nn} \end{bmatrix} \qquad (3-1)$$

式中:S 为区域土地总面积;i、$j(i,j=1,2,\cdots,n)$分别表示期初与期末的土地利用类型;n 为土地利用类型数;S_{ij} 表示期初到期末之间由 i 类土地利用类型转移为 j 类土地利用类型的面积。

本节利用 ArcGIS10.0 实现生态红线区域的土地利用转移矩阵。首先，将南京市不同年份的生态红线区域土地利用矢量数据通过 Dissolve 工具，按照土地利用类型进行数据整合，然后运用 Intersect 工具进行叠置分析，通过叠置分析生成的新图层中的矢量数据计算面积，并导出属性表。最后，在 Excel 中通过数据透视表建立不同时期的土地利用转移矩阵。

3.2.2　生态红线区域土地利用转移矩阵

根据土地利用转移矩阵计算分析结果（表 3-4），2000 年到 2005 年，生态红线区域内草地转出的方向只有湿地，而转入来源只有水域，且面积变化不大；耕地转出方向依次为人工表面、水域、林地和湿地，而转入来源主要为水域；林地的转出方向仅为少量的耕地、人工表面和水域，而转入来源主要是耕地；人工表面的转出量很小，而转入主要来源是耕地；湿地转出方向主要为水域，而转入来源包括少量水域和草地；水域的转出十分复杂，各种类型都有，但主要转出方向为耕地，而转入来源只有耕地及少量湿地和林地。这一时期内，面积转出最多的是耕地，达 54.23 km^2，而转入最多的是人工表面和水域，分别为 25.02 km^2 和 22.86 km^2。

表 3-4　2000—2005 年生态红线区域土地利用转移矩阵

单位：km^2

		2005 年							
		草地	耕地	林地	人工表面	湿地	水域	总计	减少
2000 年	草地	1.48	0.00	0.00	0.00	0.54	0.00	2.02	0.54
	耕地	0.00	554.45	8.89	24.17	0.05	21.12	608.67	54.23
	林地	0.00	0.26	424.15	0.53	0.00	0.07	425.01	0.86
	人工表面	0.00	0.08	0.02	62.86	0.00	0.05	63.01	0.15
	湿地	0.00	0.00	0.00	0.04	30.15	1.63	31.82	1.67
	水域	0.33	7.83	0.02	0.28	1.00	413.65	423.11	9.46
	总计	1.80	562.62	433.08	87.88	31.74	436.51	1 553.63	
	增加	0.33	8.17	8.93	25.02	1.59	22.86		

2005 年到 2010 年（表 3-5），草地转出的方向主要为水域，而没有转入来源；耕地转出方向主要为林地、人工表面和水域，而转入来源依然主要为水域；林地的转出方向仍然较少，而转入来源主要是耕地；人工表面的转出量最小，而转入主要来源是耕地；湿地转出方向主要为水域，而转入来源也是水域；水域的转出方向主要

为耕地,而转入来源也主要是耕地。这一时期,面积转出最多的依然是耕地,达66.85 km^2,而转入最多的是林地和人工表面,分别为27.43 km^{2}和26.43 km^2。

表 3-5　2005—2010 年生态红线区域土地利用转移矩阵

单位:km^2

		2010 年							
		草地	耕地	林地	人工表面	湿地	水域	总计	减少
2005 年	草地	1.45	0.00	0.02	0.00	0.00	0.33	1.80	0.35
	耕地	0.00	495.77	26.53	24.70	0.00	15.61	562.62	66.85
	林地	0.00	0.73	432.03	0.31	0.00	0.01	433.08	1.05
	人工表面	0.00	0.04	0.55	87.25	0.00	0.03	87.88	0.62
	湿地	0.00	0.00	0.00	0.48	29.89	1.37	31.74	1.85
	水域	0.00	13.35	0.33	0.94	2.01	419.89	436.51	16.63
	总计	1.45	509.89	459.47	113.68	31.90	437.24	1 553.63	
	增加	0.00	14.12	27.43	26.43	2.01	17.35		

表 3-6　2010—2015 年生态红线区域土地利用转移矩阵

单位:km^2

		2015 年							
		草地	耕地	林地	人工表面	湿地	水域	总计	减少
2010 年	草地	1.30	0.03	0.08	0.02	0.00	0.02	1.45	0.15
	耕地	0.06	396.93	49.30	49.94	0.43	13.23	509.89	112.96
	林地	0.14	4.97	447.23	5.48	0.00	1.65	459.47	12.24
	人工表面	0.05	39.99	12.37	56.68	0.10	4.50	113.68	57.00
	湿地	0.00	0.41	0.83	0.21	28.20	2.26	31.90	3.70
	水域	0.01	14.63	1.93	5.67	4.06	410.93	437.24	26.31
	总计	1.56	456.96	511.74	118.00	32.79	432.58	1 553.63	
	增加	0.26	60.03	64.52	61.32	4.59	21.65		

2010 年到 2015 年(表 3-6),草地的转出和转入除湿地外各种类型都有,但转出量很小;耕地转出的方向各类型都有,但主要为林地和人工表面,而主要转入来源演变为人工表面,其次是水域和林地;林地的转出明显增大,主要为人工表面和耕地,而转入来源主要是耕地,及部分人工表面;人工表面的转出量加大,主要为耕地、林地和水域,而转入主要来源也是耕地、林地和水域;

湿地的转出和转入仍然主要是水域;水域的转出方向依次为耕地、人工表面、湿地和林地,而转入来源也主要是耕地。这一时期与之前相比,各种类型土地利用之间的相互转换变得复杂了,各种类型土地利用之间的相互转换加剧。其中耕地面积转出量加大,达 112.96 km²,近乎翻倍,人工表面的转出也达到了 57 km²,而转入最多的是耕地、林地和人工表面,都在 60 km² 以上。

从 2000 年至 2015 年的土地利用类型空间转移结果(表 3-7)来看,由于草地和湿地本身面积较小,整体变化不大;耕地转出的方向主要为林地、人工表面和水域,转入来源在 2000 年至 2010 年间主要是水域,林地和人工表面很少,而 2010 年至 2015 年间主要来源演变为人工表面,其次是水域和林地;林地的转出方向主要为人工表面和耕地,而其转入来源主要为耕地;人工表面在 2010 年前的转出很少,2010 年后,转出大幅增加,转出方向主要为耕地,其次为林地,转入来源则主要为耕地。

表 3-7   2000—2015 年生态红线区域土地利用转移矩阵

单位:km²

		2015 年							
		草地	耕地	林地	人工表面	湿地	水域	总计	减少
2000 年	草地	1.30	0.03	0.10	0.02	0.53	0.03	2.02	0.71
	耕地	0.09	416.19	86.69	69.55	0.56	35.59	608.67	192.48
	林地	0.13	4.54	414.97	4.24	0.00	1.13	425.01	10.04
	人工表面	0.03	16.43	6.40	36.77	0.04	3.34	63.01	26.24
	湿地	0.00	0.56	0.71	0.49	27.59	2.47	31.82	4.23
	水域	0.01	19.21	2.87	6.92	4.07	390.03	423.11	33.08
	总计	1.56	456.96	511.74	118.00	32.79	432.58	1 553.63	
	增加	0.26	40.77	96.77	81.23	5.20	42.55		

3.3   土地利用类型时间变化

3.3.1   土地利用动态度分析方法

土地利用动态度是反映区域一定时间内土地利用类型相互转换速度的一项指标,能够直观地反映土地利用类型变化的速度以及变化的差异。通过分析土地利用类型变化的速度,可以反映区域土地利用变化的剧烈程度,对比较土地利用变化的区域差异和预测未来土地利用变化趋势都有积极的作用(王秀兰,1999)。土地利用动态度一般包含单一土地利用动态度和综合土地利用动态度两种形式。

1. 单一土地利用动态度

单一土地利用动态度表达的是一定区域和时期内某种土地利用类型的数量变化情况。在单一土地利用动态度计算公式中有绝对土地利用动态度和相对土地利用动态度之分。绝对土地利用动态度仅考虑研究期初到期末的土地利用绝对变化量,没有反映土地利用的双向转化过程。比如,在同一研究区内,某种土地利用类型转变为其他土地类型的面积等于同期内其他土地类型转变为该用地类型的面积时,其绝对动态度为0,但是不能说明该用地类型没有变化(唐宽金,2009)。而相对土地利用动态度不仅考虑了土地利用类型的转化速度,而且能够反映各土地利用类型之间的相互转化过程。

单一土地利用绝对动态度表达式为:

$$K = \frac{(Ub - Ua)}{Ua} \times \frac{1}{T} \times 100\% \tag{3-2}$$

式中:K 为单一土地利用绝对动态度;Ua、Ub 为研究期初及研究期末某种土地利用类型的数量;T 为研究时段,一般为年。

单一土地利用相对动态度表达式为:

$$K' = \frac{(\Delta U1 + \Delta U2)}{Ua} \times \frac{1}{T} \times 100\% \tag{3-3}$$

式中:K' 为单一土地利用相对动态度;$\Delta U1$、$\Delta U2$ 分别为研究时段内某一土地利用类型面积增加和减少的绝对值。

2. 综合土地利用动态度

综合土地利用动态度表达的是一定区域和时期内各类土地利用的总体变化和活跃程度。综合土地利用动态度表达式为:

$$K_{综} = \frac{\sum_{i=1}^{n}(|Uai - Ubi|)}{S} \times \frac{1}{T} \times 100\% \tag{3-4}$$

式中:$K_{综}$ 为综合土地利用动态度;Uai、Ubi 分别为区域内第 i 种土地利用类型在研究期初和期末的数量;S 为区域土地总面积。

3.3.2 生态红线区域土地利用动态度

依据土地利用动态度公式计算出的南京市生态红线区域土地利用变化情况(表 3-8)可知:从 2000 年到 2015 年的 3 个时段,生态红线区域内的耕地持续减少,且减少的速率逐步增加;湿地和水域的变化速率相对比较小,没有明显的持续增加或减少的倾向;草地的变化最不稳定;林地则持续增加,且增加的速率逐步加大;人工表面增加的速率在前两期最大,随后增加的速率放慢。

表 3-8　南京市生态红线区域不同时期单一土地利用动态度

类型	2000—2005 年		2005—2010 年		2010—2015 年		2000—2015 年	
	K	K'	K	K'	K	K'	K	K'
林地	0.38%	0.46%	1.26%	1.32%	2.24%	3.34%	1.36%	1.68%
草地	−2.18%	8.57%	−3.89%	3.89%	1.52%	5.65%	−1.52%	3.20%
耕地	−1.51%	2.05%	−1.87%	2.88%	−2.08%	6.78%	−1.66%	2.55%
湿地	−0.05%	2.05%	0.10%	2.43%	0.56%	5.20%	0.20%	1.97%
水域	0.63%	1.53%	−0.01%	1.56%	−0.17%	2.20%	0.15%	1.19%
人工表面	7.89%	7.99%	5.87%	6.16%	0.76%	20.82%	5.82%	11.37%

2000 年至 2005 年,生态红线区域内的草地减少的速率最大,其次是耕地,而人工表面在这一时期增加的速率最大,反映出这一时期各类建设用地显著增加,对生态环境的影响较大;2005 年至 2010 年,草地减少的速率进一步增加,耕地依然在减少,而林地的增加速度相比之前明显加大,人工表面增加的速度略有下降;2010 年至 2015 年,耕地减少的速率进一步增加,而林地增加的速率在加大,人工表面在这一时期增加速率显著放缓,但根据 20.82% 的相对动态度可知,在这段时期内,虽然人工表面增加的面积不大,但与其他土地利用类型之间的交换量很大,双向动态变化十分强烈。

从 2000 年至 2015 年总的土地利用动态度来看,只有耕地和草地的面积减少,且耕地面积的平均年下降速率最大,达 −1.66%/a,湿地和水域的面积略有增加,面积增长速率较快的是林地和人工表面,分别为 1.36%/a 和 5.82%/a。从相对动态度来看,人工表面也是最大的,达 11.37%/a,其次分别是草地、耕地、湿地、林地和水域。

从综合土地利用动态度(表 3-9)来看,自 2000 年至 2015 年的 3 个时间段,生态红线区域内的综合土地利用动态度持续增加,如果动态度增加是出于对生态红线区域的保护导致的,比如加快对建设用地的清理、提高林地覆盖率、加大生态修复力度等,这种变化是有利的。但根据土地利用的现状分析来看,除了林地面积不断增长外,人工表面也在增加,说明土地利用的动态变化是多种因素造成的,其中不乏对资源的开发和建设利用等活动。因此,土地利用动态度的增加对于生态红线区域来说十分不利。

表 3-9　南京市生态红线区域综合土地利用动态度

时间	2000—2005 年	2005—2010 年	2010—2015 年	2000—2015 年
$K_{综}$	1.19%	1.36%	1.46%	1.31%

表 3-10　南京市各区生态红线区域 2000—2015 年单一土地利用动态度

类型	市区		江宁区		浦口区		六合区		溧水区		高淳区	
	K	K'	K	K'	K	K'	K	K'	K	K'	K	K'
林地	0.71%	0.93%	0.63%	0.84%	2.03%	2.22%	1.56%	2.73%	1.08%	1.30%	8.08%	8.49%
草地	−2.76%	3.80%	−0.52%	1.60%	−0.17%	3.68%	1.33%	3.21%	0.00%	0.00%	0.22%	1.70%
耕地	−4.06%	5.50%	−2.32%	3.30%	−2.54%	3.49%	−0.64%	1.98%	−1.53%	2.09%	−2.28%	2.60%
湿地	0.48%	6.65%	0.63%	2.67%	0.21%	1.79%	−0.27%	0.49%	0.00%	0.00%	0.00%	0.00%
水域	−0.12%	0.45%	0.17%	1.78%	−0.02%	1.95%	−0.60%	2.09%	0.20%	0.66%	0.61%	1.05%
人工表面	1.02%	5.50%	5.22%	10.09%	9.53%	15.22%	4.19%	10.47%	14.02%	20.18%	5.67%	10.69%

由表 3-10 可知,2000—2015 年,南京市区生态红线区域内的耕地、草地和水域是减少的,特别是耕地的减少速率达−4.06%/a,林地、湿地和人工表面不断增加;江宁区耕地和草地在减少,林地、湿地、水域和人工表面增加,人工表面不仅增加速率较大,而且活跃度也较大;浦口区耕地、草地和水域在减少,林地、湿地和人工表面增加,人工表面依然是各类型中活跃度最大的;六合区的耕地、湿地和水域的减少速率都比较低,林地和草地在增加,人工表面活跃度较大;溧水区没有草地和湿地,除耕地在减少外,其余都在增加,特别是人工表面增加速率达 14.02%/a,而且相对动态度更是达到了 20.18%/a的最高值;高淳区林地增加速率相比最高,达 8.08%/a,其次是人工表面,草地和水域略有增加,耕地则不断减少。

综上,各区生态红线区域内的耕地都在减少,且减少速率相对其他土地利用类型都比较大,而林地和人工表面是增加的,特别是人工表面在一些地区大幅增加。草地、湿地和水域的变化具有不确定性。从相对动态度来看，人工表面的活跃度最大，其次是耕地。

从综合土地利用动态度（表 3-11）来看，2000 年至 2015 年，市区的综合土地利用动态度最小，仅为 0.73%，其次分别是六合区、江宁区、溧水区和高淳区，高淳区综合土地利用动态度最大，为 2.03%。

表 3-11　南京市各区生态红线区域 2000—2015 年综合土地利用动态度

区属	市区	江宁区	浦口区	六合区	溧水区	高淳区
$K_{综}$	0.73%	1.13%	2.00%	0.98%	1.20%	2.03%

3.4　土地利用程度综合指数

3.4.1　土地利用程度综合指数分析方法

土地利用程度综合指数模型反映了土地利用的广度和深度，不仅反映了土地利用中土地本身的自然属性，同时也反映了人类因素与自然环境因素的综合效应（刘纪远，1996；庄大方，1997）。土地利用程度综合指数的大小决定了土地利用程度的高低，反映出区域的景观特点和社会经济活动差异。土地利用程度综合指数越高，说明受到人类活动的影响越大，越不利于自然生态系统的保护，反之，土地利用程度综合指数越低，说明受到人类活动的影响越小，自然生态环境的原生性越好。

将土地利用程度按照土地自然综合体在社会因素影响下的自然平衡状态分为 4 个级别：未利用级、土地自然再生利用级、土地人为再生利用级和土地非再生利用级（鲍文东，2007）。

区域土地利用程度综合指数表达式为：

$$L_a = 100 \times \sum_{i=1}^{n} A_i \times C_i \qquad (3\text{-}5)$$

式中：L_a 为区域土地利用程度综合指数；A_i 为区域内第 i 级土地利用程度分级指数（表 3-12）；C_i 为区域内第 i 级土地利用程度分级面积百分比；n 为土地利用程度分级数。

表 3-12　土地利用程度分级指数表

类型	未利用级	土地自然再生利用级	土地人为再生利用级	土地非再生利用级
土地利用类型	未利用地	林地、草地、湿地、水域	耕地	人工表面（包括城镇、居民点、工矿和交通用地等）
分级指数	1	2	3	4

3.4.2　生态红线区域土地利用程度

根据计算结果（表 3-13），自 2000 年以来，虽然南京市生态红线区域内的人工表面不断增加，但耕地的面积大幅减少，生态红线区域总的土地利用程度综合指数则呈现逐渐下降的趋势，土地开发利用的广度和深度在降低，从另一方面反映了生态红线区域整体受到的人为因素干扰在减小。

表 3-13　南京市生态红线区域 2000—2015 年土地利用程度综合指数(L_a)

年份	2000 年	2005 年	2010 年	2015 年
L_a	247.29	247.53	247.46	244.60

表 3-14　南京市各区生态红线区域 2000—2015 年土地利用程度综合指数(L_a)

区属	2000 年	2005 年	2010 年	2015 年
市区	220.24	221.18	224.12	218.03
江宁区	231.48	230.58	233.07	228.62
浦口区	244.76	245.48	238.38	237.73
六合区	273.88	275.86	277.46	276.48
溧水区	243.42	243.59	245.72	243.18
高淳区	252.41	251.18	248.00	243.72

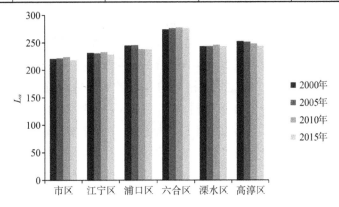

图 3-4　南京市各区生态红线区域（2000—2015 年）土地利用程度综合指数对比图

从表 3-14 和图 3-4 可以看出,与其他区域相比,南京市区是南京市的核心地带,虽然开发建设密度大,整体开发程度高,但市区内划定的生态红线区域的土地利用程度综合指数却是最低的,2015 年仅为 218.03。这充分说明市区内划定的生态红线区域自然属性更高。江宁、浦口、溧水和高淳区内划定的生态红线区域的土地利用程度综合指数比市区略高,2015 年分别为228.62、237.73、243.18 和 243.72。六合区内划定的生态红线区域的土地利用程度综合指数最高,达 276.48,这主要是由于六合区生态红线区域内耕地和人工表面的面积相对占据了较大比重,特别是耕地面积占比远高于其他各区。

3.5 生态红线区域景观格局分析

3.5.1 景观指数选取与计算方法

景观是由大大小小的斑块组成,斑块的空间分布称为景观格局。景观格局是由自然或人为形成的,是各种复杂的物理、生物和社会因子相互作用的结果。景观格局的研究强调空间的异质性的维持与发展,生态系统之间的相互作用,大区域生态种群的保护与管理,环境资源的经营管理,以及人类活动对景观及其组分的影响(陈利顶,1996)。与土地利用变化趋势等多为定性分析不同的是,景观格局的研究已经形成了一套较为成熟的分析研究方法,不仅包括一些传统的统计学方法,同时也包括一些新的、专门用于解决空间问题的格局分析方法(鲍文东,2007)。

景观指数是指能够高度浓缩景观格局信息,反映其结构组成的空间配置某些方面特征的简单定量指标(邬建国,2007)。利用景观指数在对景观进行空间分析以及建立格局与过程相互联系的过程中具有重要作用。随着景观生态学的快速发展,用于描述景观格局的指数越来越多,尽管表现形态不同,但许多景观指数所表达的含义类同,相互之间不满足相互独立的统计性质,用一组不相互独立的景观指数描述景观格局时并不能增加新的信息,难以增加说服力。在选取景观指数进行景观格局分析时,需要根据研究对象对景观指数进行筛选,以便更加准确地反映景观格局特征(陈文波,2002;陈利顶,2008;王艳芳,2012)。

为此,本书选择了以下景观指数对南京市生态红线区域进行分析:

1. 景观多样性指数

参考 Shannon-Wiener 指数,景观多样性指数的表达式为:

$$SHDI = -\sum_{i=1}^{k} P_i \times \ln(P_i) \qquad (3\text{-}6)$$

式中:$SHDI$ 为景观多样性指数;P_i 为景观类型 i 在景观中出现的概率;k 表示景观类型的总数。$SHDI$ 值越大,景观多样性越大。$SHDI$ 大小取决于景观的丰富度和景观类型分布的均匀程度。

景观多样性指数的生态学意义:$SHDI$ 是一种基于信息理论的测量指数,在生态学中应用很广泛。该指标能反映景观异质性,特别对景观中斑块类型非均衡分布状况较为敏感,即强调稀有斑块类型对信息的贡献,这也是该指标与其他多样性指数的不同之处。在比较和分析不同景观或同一景观不同时期的多样性与异质性变化时,$SHDI$ 也是一个敏感指标。如在一个景观系统中,土地利用类型越丰富,破碎化程度越高,其不定性的信息含量也越大,计算出的 $SHDI$ 值也就越高。景观生态学中的多样性与生态学中的物种多样性有紧密的联系,但并不是简单的正比关系,研究发现在一景观中二者的关系一般呈正态分布。

2. 景观优势度指数

景观优势度指数的表达式为:

$$D = H_{\max} + \sum_{i=1}^{k} P_i \times \ln(P_i) \qquad (3\text{-}7)$$

式中:D 为景观优势度指数;$H_{\max}$ 是指多样性指数的最大值;P_i 为景观类型 i 在景观中出现的概率;k 表示景观类型的总数。

景观优势度指数的生态学意义:景观优势度指数用于测度景观结构中一种或几种景观类型支配景观的程度,它与多样性指数成反比,对于景观类型数目相同的不同景观,多样性指数越大,其优势度指数越小。景观优势度指数也表示景观多样性对最大多样性的偏离程度,优势度指数越大,则表明偏离程度越大,即组成景观中的各景观类型所占比例差异大,或者说某一种或少数几种景观类型占优势,优势度小则表明偏离程度小,即组成景观中的各种景观类型所占比例大致相当。

3. 景观形状指数

景观形状指数的表达式为:

$$LSI = \frac{0.25\sum_{j=i}^{n} L_{ij}}{\sqrt{A}} \qquad (3\text{-}8)$$

式中：LSI 为景观形状指数，无量纲；L_{ij} 为景观类型 i 的斑块周长；A 为景观面积。其中系数 0.25 是由栅格的基本形状为正方形的定义确定的。该公式表明面积大的斑块比面积小的斑块具有更大的权重。当 $LSI =1$ 时说明所有的斑块形状为最简单的方形（采用矢量版本的公式时为圆形）；当 LSI 值增大时说明斑块形状变得更复杂，更不规则。

景观形状指数的生态学意义：景观形状指数在斑块级别上等于某斑块类型中各个斑块的周长与面积比乘以各自的面积权重之后的和；在景观级别上等于各斑块类型的平均形状因子乘以类型斑块面积占景观面积的权重之后的和。景观形状指数是度量景观空间格局复杂性的重要指标之一，并对许多生态过程都有影响，如拼块的形状影响动物的迁移、觅食等活动，影响植物的种植与生产效率。对于自然拼块或自然景观的形状分析还有另一个很显著的生态意义，即常说的边缘效应。

4. 景观分离度指数

景观分离度指数的表达式为：

$$SPLIT = \frac{A^2}{\sum_{j=1}^{n} a_{ij}^2} \qquad (3\text{-}9)$$

式中：$SPLIT$ 为景观分离度指数；a_{ij} 为景观类型 i 的斑块面积；A 为景观总面积。

景观分离度指数的生态学意义：景观分离度指数是指某一景观中不同斑块个体空间分布的离散或聚集程度，分离度指数越大，景观分布越复杂，不同景观类型之间的演替就越频繁。一般来说 $SPLIT$ 值大，反映出同类型斑块间相隔距离远，分布较离散；反之，说明同类型斑块间相距近，呈团聚分布。另外，斑块间距离的远近对斑块间的干扰影响很大，如距离近，相互间容易发生干扰，而距离远，相互干扰就少。

5. 景观破碎度指数

本书借鉴陈利顶(1996)对景观破碎率的计算方法，用单位面积中各种斑块的总个数作为景观破碎度的判别指标，景观破碎度指数的表达式为：

$$C = \frac{\sum n_i}{A} \qquad (3\text{-}10)$$

式中：C 表示景观破碎度；$\sum n_i$ 为景观中所有景观类型斑块的总个数；A 为景观的总面积。

景观破碎度指数的生态学意义：景观的破碎度是指景观被分割的破碎程度，它与自然资源保护密切相关，许多生物物种的保护均要求有大面积的自然生境，随着景观的破碎化和斑块面积的不断缩小，适于生物生存的环境在减少，它将直接影响到物种的繁殖、扩散、迁移和保护。人类活动对景观结构的影响十分突出，研究景观的破碎度对景观中生物和资源的保护具有重要意义。一般 C 值越大，景观破碎度越高；C 值越小，景观破碎度越低。景观破碎度对许多生态过程都有影响，如可以决定景观中各种物种及其次生种的空间分布特征，改变物种间相互作用和协同共生的稳定性。而且，景观破碎度对景观中各种干扰的蔓延程度也有重要的影响，如某类斑块数目多且比较分散时，则对某些干扰的蔓延（虫灾、火灾等）有抑制作用。

3.5.2　生态红线区域景观指数变化分析

1. 生态红线区域整体景观格局变化

根据南京市生态红线区域景观指数变化情况（表 3-15、图 3-5）可知，自 2000 年以来，南京市生态红线区域的香侬多样性指数呈现持续增加的趋势，由 1.219 5 增加到 2015 年的 1.290 1，与此同时，景观优势度指数则由 0.389 9 逐步下降到 0.319 3。这说明南京市生态红线区域的土地利用斑块类型增加，斑块类型在景观中呈均衡化趋势分布。景观的异质化程度呈上升趋势，说明人类活动干扰逐渐增大，代表自然生态系统的土地覆被类型大幅度减少，从而使自然生态环境的净化和维系能力下降（史培军，1999）。景观的破碎度指数在 2000 年至 2005 年间虽略有上升，但随后又呈减小趋势，反映出从整体景观格局上，生态红线区域景观的斑块数量在减少，土地利用类型由分散逐渐走向整合，这有利于景观功能的整体发挥。

表 3-15　南京市生态红线区域 2000—2015 年景观指数变化

年份	香侬多样性指数（SHDI）	景观优势度指数（D）	景观破碎度指数（C）
2000 年	1.219 5	0.389 9	0.047 1
2005 年	1.255 8	0.353 6	0.049 8

续表

年份	香侬多样性指数（SHDI）	景观优势度指数（D）	景观破碎度指数（C）
2010 年	1.285 9	0.323 5	0.045 1
2015 年	1.290 1	0.319 3	0.037 9

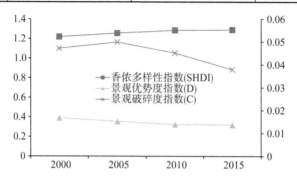

图 3-5　南京市生态红线区域景观指数变化（2000—2015 年）

表 3-16　南京市各区生态红线区域 2000—2015 年景观指数变化

区域	年份	香侬多样性指数（SHDI）	景观优势度指数（D）	景观破碎度指数（C）
市区	2000 年	1.149 5	0.459 9	0.061 75
	2005 年	1.135 8	0.473 6	0.060 70
	2010 年	1.118 2	0.491 2	0.048 67
	2015 年	1.052 6	0.556 8	0.048 58
江宁	2000 年	1.129 6	0.479 8	0.058 01
	2005 年	1.147 2	0.462 2	0.061 40
	2010 年	1.173 0	0.436 4	0.058 10
	2015 年	1.116 9	0.492 5	0.054 64
浦口	2000 年	1.166 7	0.442 7	0.032 20
	2005 年	1.210 1	0.399 3	0.033 42
	2010 年	1.206 4	0.403 0	0.033 29
	2015 年	1.213 1	0.396 3	0.024 95
六合	2000 年	1.073 5	0.535 9	0.062 12
	2005 年	1.150 8	0.458 6	0.065 03
	2010 年	1.167 6	0.441 8	0.057 32
	2015 年	1.180 0	0.429 4	0.043 27

区域	年份	香侬多样性指数(SHDI)	景观优势度指数(D)	景观破碎度指数(C)
高淳	2000 年	1.025 6	0.583 8	0.049 52
	2005 年	1.066 0	0.543 4	0.054 08
	2010 年	1.107 8	0.501 6	0.049 07
	2015 年	1.186 0	0.423 4	0.041 14
溧水	2000 年	1.145 9	0.240 4	0.029 47
	2005 年	1.173 2	0.213 1	0.031 80
	2010 年	1.217 3	0.169 0	0.027 46
	2015 年	1.254 3	0.132 0	0.022 46

从各区计算结果(表 3-16)来看,自 2000 年以来,南京市市区生态红线区域的香侬多样性指数逐渐减小,而景观优势度逐渐增大,除江宁区这两项指标变化并不明显外,与其他区域恰好相反。各区生态红线区域的景观破碎度指数变化趋势不明显,仅市区表现为逐年变小。这反映出市区生态红线区域的景观异质性在逐渐降低的同时,同一土地利用类型的集中程度上升,景观分布向不均匀的方向发展,表明相比其他区域,这一区域的人类活动正在逐步加强。

3.5.3　不同土地利用类型景观指数变化分析

南京市不同土地利用类型 2000—2015 年景观指数变化情况如表 3-17 所示。

表 3-17　南京市不同土地利用类型 2000—2015 年景观指数变化

土地利用类型	年份	景观形状指数(LSI)	分离度指数(SPLIT)	景观破碎度指数(C)
林地	2000 年	33.053 5	231.119 1	0.042 2
	2005 年	34.922 4	229.956 6	0.040 9
	2010 年	35.567 2	170.180 0	0.022 0
	2015 年	35.167 3	151.066 8	0.020 4
耕地	2000 年	65.239 5	131.800 1	0.039 4
	2005 年	67.778 8	183.789 8	0.041 4
	2010 年	64.340 0	190.247 7	0.045 1
	2015 年	58.620 4	180.102 3	0.044 9

土地利用类型	年份	景观形状指数（LSI）	分离度指数（SPLIT）	景观破碎度指数（C）
草地	2000 年	7.810 5	5 909 834.308 8	0.381 7
	2005 年	8.655 6	7 485 965.240 0	0.304 0
	2010 年	7.876 5	9 888 609.453 3	0.251 3
	2015 年	7.583 3	7 700 266.396 4	0.187 5
湿地	2000 年	9.840 4	4.432 0	0.010 4
	2005 年	10.335 1	4.670 2	0.012 3
	2010 年	10.116 7	4.781 1	0.010 7
	2015 年	10.382 2	5.003 1	0.011 6
水域	2000 年	39.345 6	7.721 2	0.045 3
	2005 年	38.636 8	8.041 3	0.043 9
	2010 年	31.996 4	7.791 4	0.022 9
	2015 年	31.750 7	7.339 3	0.022 4
人工表面	2000 年	69.688 1	111 855.229 9	0.134 6
	2005 年	74.742 4	67 011.736 1	0.172 8
	2010 年	78.805 9	47 797.405 8	0.180 0
	2015 年	76.856 2	20 844.560 3	0.159 6

1. 林地

自 2000 年至 2015 年，林地的景观形状指数呈增加的趋势，分离度指数适中，并有减小的趋势，景观破碎度指数逐年减小。景观形状指数减小，说明林地斑块受人类活动的干扰强度在逐渐增加。分离度指数和破碎度指数同时在减少，根据土地利用变化统计结果，生态红线区域内林地的面积实际上逐年增加，是各类土地利用类型中面积增加最大的，林地面积占比由 2000 年的 27.36% 提高到 2015 年的 32.94%。这充分说明林地斑块的数量在减少，同时，林地斑块的面积在逐步增加，林地景观呈现出越来越集中分布的趋势，这有利于生态系统的稳定和林地景观功能的整体发挥。

2. 耕地

耕地的景观形状指数除 2005 年略有上升以外，整体呈现下降的趋势，分离度指数先增加，2010 年后又减少，景观破碎度指数则呈现不断增加的趋势。耕地的面积在持续减少，由 2000 年的 608.67 hm^2 减少到 2015 年的 456.96 hm^2。根据转移矩阵结果，消失的耕地主要转化为林地和人工表面。一方面耕地面积在减少,另一方面,其景观破碎度在增加,表明耕地受到的人为活动干扰是较为显著的,耕地更加分散化。

3. 草地

草地的景观形状指数在各土地利用类型中最小,自 2000 年以来,草地景观形状指数变化不明显,分离度指数值很大,且不断增加,同时,景观破碎度指数不断减小。由于草地的面积很小,在景观格局上,一旦受到人为的干扰,将十分明显地表现出来。由此说明,在局部地区草地受到的人为干扰较大,草地面积逐渐由分散向集中分布。

4. 湿地

自 2000 年至 2015 年,湿地的景观形状指数和分离度指数都呈现增加的趋势,景观破碎度指数没有明显的趋势性变化。与其他土地利用类型相比,湿地的分离度指数最小,表明湿地的分布相对比较集中,其受到人为干扰的影响也并不突出。南京市湿地的总面积比较小,主要分布在长江沿岸和重要河流两侧,全市超过 70% 的湿地被划定的各类保护区保护起来。因此,从景观格局上,湿地多年的变化并不明显。

5. 水域

自 2000 年至 2015 年,水域的景观形状指数越来越小,分离度指数先增加后又下降,景观破碎度持续下降,特别是 2005 年以后,大幅下降。生态红线区域内除了一些大型湖泊,比如石臼湖、高淳湖等,一些重要的水库以及部分坑塘水面和养殖水面等也可能被划入生态红线区域。2000 年以来,水域面积略有增加,大型湖泊和河流的面积基本没有变化,增加的主要是中小型水库和坑塘水面,同时,更多的坑塘水面和养殖水面消失。因此,斑块密度和景观破碎度逐渐减少,景观形状指数下降,说明人类加强了对水面的开发、利用和保护。

6. 人工表面

自 2000 年至 2015 年,人工表面的景观形状指数先增加,到了 2015 年又略有下降。与其他土地利用类型相比,人工表面的景观形状指数最大。景观破碎度指数也是呈现先增加后下降的趋势,但分离度指数则呈现出大幅下降趋势。由于在各土地利用类型中人工表面面积增长速度最快,说明在 2010 年之前,各类建设用地呈现出多点建设的倾向,之后,区域内的建设用地受到了控制,多点开花建设的形势得到有效控制和缓解,但部分建设用地有不断扩张的趋势,特别是村庄和居民点由分散逐步转向集中发展。

3.6 土地利用变化的驱动力分析

3.6.1 自然因素

自然因素主要包括地形地貌、土壤、水文、气候等。南京的地貌特征是岗地为主，低山、丘陵、平原、洲地交错分布的地貌综合体。低山占土地总面积的 3.5%，丘陵占 4.3%，岗地占 53%，平原、洼地及河流湖泊占 39.2%。由于水系发达，平原、低地面积较大，特别适宜农作物生长；低山丘陵地区植被覆盖度较高。

从气候变化来看，南京市与全球气候变暖的趋势一致，自 20 世纪 50 年代以来，南京市年平均气温、最高温、最低温总体上呈缓慢上升趋势，特别是 1980 年以后增温趋势极其明显。季节平均温度均呈上升趋势。温度趋于平缓，波动变小，特别是春、秋季日较差变化不明显（潘文卓，2008；刘长焕，2013）。

从降水变化来看，南京市多年来的年降水总量呈持平趋势，但是降水日数呈减少趋势，这也从侧面反映了南京日降水量增大了，同时降水量的相对变率比较大，偏旱年和偏涝年比较多。季降水的年际变化趋势很小，即每年各季节的降水量变化不大（王保，2014）。

综上，从长远来看，自然因素主要决定土地利用/覆被的总体概况，制约着土地利用/覆被变化的格局演变。但从短期来看，土地利用/覆被的变化主要受人为因素的影响。

3.6.2 人为因素

1. 人口增加

人口增长是促进土地利用变化的一个十分重要的因素，人们通过生产技术、活动方式调节和组织土地利用系统的结构，因此，人口的增长必然导致居住用地的扩大和土地利用系统输出产品需求量的增加。

据统计，从 2000 年到 2015 年，南京市户籍人口由 544.9 万人增长到 653.4 万人，常住人口由 623.8 万人增长到 823.6 万人，分别增加 108.5 万人和 199.8 万人。特别是常住人口，2010 年之前增长率较高，仅 2005 年到 2010 年就增加 110.7 万人。人口密度也由每平方公里 947 人增加到 1 250 人。人口增长对土地利用变化的最大影响是建设用地的不断增加(图 3-6)。

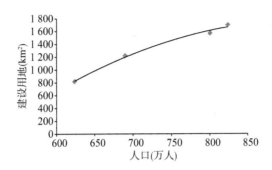

图 3-6　南京市人口增长与建设用地拟合曲线

2. 经济增长

经济发展也是土地利用变化的最主要驱动力之一。经济的快速发展,不断促进产业结构的调整和布局,促使人们追求土地利用效益的最大化。一般在工业快速发展的阶段,各类开发建设用地不断扩张,农用地甚至一些受保护用地不断被侵占,经济增长速度越快,这种变化也越显著。

2000 年南京市地区生产总值仅为 1 020 亿元,到 2015 年已增加到 9 720.8亿元;城镇化率则由 71.1% 上升到 81.4%;三次产业结构比例为由 5.3：48.4：46.3,调整为 2.4：40.3：57.3,第一产业比例显著下降,第三产业比例大幅上升,虽然工业生产总值比例下降,但绝对值却由 472 亿元增长到3 916.11 亿元。随着南京市经济的快速发展,城市化水平不断提高,城市规模不断扩张,工业用地、交通用地等也大幅增加。同时,随着人民生活水平大幅改善,对居住环境的需求增加,城镇和村庄居住用地不断扩大。这些都对土地利用产生重要影响(图 3-7)。

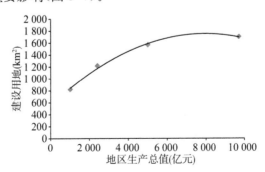

图 3-7　南京市经济增长与建设用地拟合曲线

3. 政策制度

政策制度的变化是导致土地利用变化十分重要的因素。政策制度的影响是强制性的,存在不确定性,对土地利用变化的影响是快速的,比如,土地利用规划、城市总体规划、村镇建设规划、交通发展规划等。《南京市城市总体规划(2011—2020 年)》中指出:未来 10 年,江北新区将力争把目前占全市 18.5%的 GDP 总量提升到 25%以上;依托产业发展,江北地区的人口要从目前的 170 万提升到 260 万;城市化率从目前的 60%左右提升到 80%以上,初现与经济发展新引擎地位、新区高端形象相匹配的南京江北新区滨江城市形象。这必将对江北新区的土地利用格局产生重要影响。

另外,近年来,随着环境保护力度的加大,特别是针对各类受保护地的保护,一些具有重要生态功能的区域被侵占的现象大幅减少,生态良好地区的土地利用变化减缓,主要生态系统及重要物种得到较好的保护。

第四章

生态红线区域与建设用地空间协调性研究

4.1　生态空间与建设空间协调性研究

城市建设与生态环境之间的关系是在城市化的诸多方面与生态环境的众多因子的相互作用、相互耦合中形成的(黄金川,2003;王敏,2007;张继飞等,2013;Pasche,2002;Ekins,1997)。以往许多学者对城市建设以及城市化等与生态保护之间的关系开展了大量研究,研究成果对于理清城市发展和人类社会发展过程中两者之间的关系(Haegerstrand,1970),以及为可持续发展提供了重要的理论基础。

刘耀彬等(2005)认为城市化与生态环境交互耦合的关系,就是在城市化发展过程中,城市系统多个要素集合与生态环境系统相互作用、相互影响的非线性关系的总和。利用热力学第二定律和熵变定律,将城市化熵变类型与生态环境熵变类型进行组合与总结,得出5种耦合模式:耦合协调模式、基本协调模式、冲突模式、城市化与生态环境耦合衰退模式、临界模式。应用此耦和模式对于协调城市化发展与生态环境保护的关系,制定正确的城市化、生态环境建设政策有一定的意义。李建春等(2013)从空间布局的适宜性和协调性两方面构建评价指标体系,利用GIS空间分析技术与互斥性矩阵分类方法,研究了银川市基本农田保护区空间布局的合理性,并针对基本农田保护区不同类型及分布特点,提出管理措施。陈诚等(2009)以江苏省为研究区域,在划定生态功能保护区、提取现状建设空间分布信息的基础上,运用矩阵分类和空间分析方法研究了生态功能保护区与建设空间的耦合特征及生态功能保护区的建设占用状况,并对各个城市的生态保护与城市建设协调度进行评价,对不同区域给出空间布局调整建议,引导城市建设开发合理布局,减少对生态功能保护区的占用。基于同样的矩阵分类和空间分析方法,一些学者(Benfield et al.,2001;Wu et al.,2003)研究了生态保护与产业分布的空间匹配特点,总结了产业空间布局的调整思路并提出产业布局优化调整的建议。

生态红线区域的划定和严守是为了保障国家和地方的生态环境安全,但是,生态红线区的建设和维护的投入往往是巨大的和长期的(周念平,2013),生态红线区的设立,必然要求限制或禁止有损生态主导功能实现的建设发展(彭娇婷,2016)。但是要发展就要有建设,区域为了经济发展,必然会进行各类开发建设项目,这给生态红线的保护带来挑战。我国各级行政区积极开展生态红线区域划定,然而红线划定不是划完则止的,划红线更需守红线和保红线,红线的建设和维护才是重中之重。为此,研究生态红线区域与建设用地空间的协调性是开展生态红线区域保护的一项基础工作。

4.2 南京市建设用地空间分布情况

4.2.1 南京市建设用地现状

根据南京市土地利用数据,按照土地利用分类系统对人工表面(建设用地)进行分类,将人工表面分为三类:城市建设用地、交通用地、采矿场。建设用地包括城乡住宅、公共设施用地和工业厂房用地等,交通用地包括机场、铁路、公路、港口、航道等,采矿场包括矿山操作场地及配套设施等用地。

从前述章节中可以得知,南京市建设用地近年来增长十分迅速,建设用地(人工表面)由 2000 年的 819.32 km^2,迅速增长到 2015 年的 1 697.66 km^2,占比由 12.44% 增加到 25.77%。作为江苏省省会,以及经济文化政治中心,南京市建设用地需求巨大,城市用地的建设开发密度大,交通网络十分发达,建设用地呈块状分布,且集中于城市中心,并不断向外蔓延。目前,南京市区、江宁区、浦口区、六合区城市建设用地沿长江两岸已经连为一体。交通用地发展也随着城市的扩展而不断拉升,交通网络越来越密集。相反,采矿场零星小片分布,主要分布在六合区、浦口区、江宁区以及长江沿岸地区。详见图 4-1。

2015 年,南京市建设用地总面积为 1 697.66 km^2,其中城市建设用地为 1 495.57 km^2,交通用地 145.7 km^2,采矿场 56.39 km^2。三类建设用地在南京各区域的分布(表 4-1)为:市区建设用地占比最大为 47.64%,其次为江宁区 27.07% 和浦口区 21.23%,而六合区、溧水区以及高淳区的建设用地占比均不到 20%,其中高淳区仅为 14.91%;市区交通用地比例为 1.51%,江宁区交通用地占比最大为 2.72%,其次是六合区 2.52% 和浦口区 2.09%,溧水区和高淳区分别为 1.36% 和 1.55%;而采矿用地主要分布在六合、江宁和市区。

4.2.2 生态红线区域建设用地占用现状分析

生态红线是在生态空间划定的最重要的区域,严格意义上来说不应有建设用地。但在划定生态红线时,为保障生态红线区域的生态完整性和连续性,一些生态红线区域内间杂分布的建设用地也被划入生态红线区域,因此,生态红线区域被建设用地占用的情况也是存在的。另外,即使生态红线区域

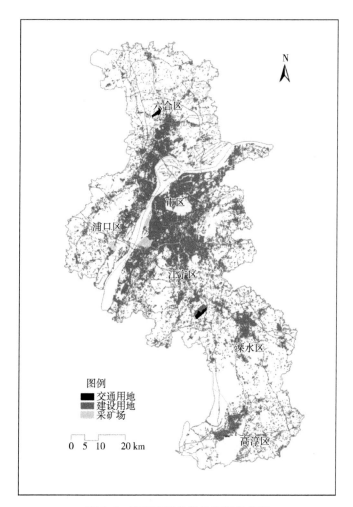

图 4-1　南京市建设用地空间分布图

表 4-1　南京市各区建设空间面积统计

行政区	建设用地（%）	交通用地（%）	采矿场（%）
南京市区	47.64	1.51	2.09
江宁区	27.07	2.72	0.86
浦口区	21.23	2.09	0.93
六合区	15.77	2.52	1.11
溧水区	15.89	1.36	0.18
高淳区	14.91	1.55	0.00

受到严格的保护,在生态红线划定后,也可能存在违规进行开发建设,侵占生态红线空间的情况。

根据南京市生态红线区域与土地利用解译数据的叠加分析结果(表4-2),自然保护区和重要渔业水域开发建设占用面积比例最小,仅为0.011%和0.026%,其次依次为重要湿地、湿地公园、森林公园、风景名胜区、饮用水水源保护区。建设用地占用比例大于0.1%的有:生态公益林、洪水调蓄区、重要水源涵养区以及地质遗迹保护区。建设用地占用比例相对较大的是清水通道维护区和地质遗迹保护区。各红线类型区域的建设占用特点不同,大部分红线类型为城市建设用地占用,如湿地公园、重要湿地以及洪水调蓄区建设均占用90%以上为城市建设用地,交通用地占用占比较小,采矿区则基本没有占用;清水通道维护区的建设占用比例中城市建设用地和交通用地占比相当。

表4-2 南京市建设用地占生态红线区域的比例

类型	建设用地占生态红线区域比例(%)	其中		
		城市建设用地占比(%)	交通用地占比(%)	采矿区占比(%)
地质遗迹保护区	0.149	39.63	1.21	61.30
森林公园	0.067	79.76	11.50	8.74
洪水调蓄区	0.130	92.38	5.23	2.39
清水通道维护区	0.236	47.09	52.91	0.00
湿地公园	0.056	95.53	4.47	0.00
生态公益林	0.121	68.94	15.95	15.11
自然保护区	0.011	80.42	19.58	0.00
重要水源涵养区	0.139	43.82	7.04	49.14
重要渔业水域	0.026	78.86	11.81	9.33
重要湿地	0.042	94.54	5.46	0.00
风景名胜区	0.071	86.68	12.41	0.91
饮用水水源保护区	0.073	84.71	12.55	2.74

4.3 生态红线区域与建设用地空间协调性研究方法

4.3.1 生态保护需求等级划分

通过提取南京市生态红线区域的空间分布信息,对生态红线区域占用情况进行评价。首先,利用 ArcGIS 软件平台,将南京市划分为 7 042 个格网单元(1 000 m×1 000 m),其中南京市生态红线区域占 2 935 个格网单元。运用叠置分析工具(Intersect)将生态红线数据和建设分布数据切分至格网单元,并计算各单元内两类区域的面积比重,计算面积时使用合并的方法去除同一类型生态红线区域中各要素的重叠部分。其次,运用聚类分析方法对生态红线区域和建设空间面积比重进行等级划分,生态红线空间分布结合红线区域分类管控措施等级,对单位格网的生态红线保护与建设限制需求进行分级,分别分为三个等级和四个等级。

为得到量化的公里格网内生态红线管控级别,对生态红线各类型区域进行等效管控等级计算,计算公式如下:

$$E = \frac{\sum\limits_{i=1}^{N} S_i \cdot I_i}{S_{总}} \tag{4-1}$$

式中:S_i 为公里格网内第 i 类红线面积;I_i 为第 i 类红线管控等级;$S_{总}$ 为公里格网内生态红线区域总面积。管控等级 I_i 值为 1(一级管控区)、2(二级管控区),因此,等效管控等级 E 值为 1.0~2.0 的数值。

通过上述公式计算得到的结果,对生态保护需求等级进行分级,分级方法如下:

生态红线保护需求一级为建设限制需求最高等级。生态红线区域的一级管控区对于建设有十分严格的限制要求,严禁一切形式的开发建设活动。为此,将公里格网内等效管控等级为 1.0~1.5 的格网作为生态红线保护需求的最高等级。

生态红线保护需求二级为建设限制需求中等等级。将该等级格网定义为等效管控等级为 1.5~2.0,同时,生态红线面积在格网内的比重大于等于0.5。该区域内大部分限制有损主导生态功能的开发建设活动,实行差别化管控措施。

生态红线保护需求三级为建设限制需求较低级。将该等级格网定义为等效管控等级为 1.5~2.0,同时,生态红线面积在格网内的比重小于 0.5。该区域内存在部分受限制的开发建设区域,但同时也存在可供开发建设的区域。

按照上述方法对南京市生态红线区域生态保护需求等级进行划分,并对不同行政区域以及不同类型生态红线区域的生态保护需求等级进行统计。根据统计结果(图 4-2、表 4-3),六合区、市区以及浦口区生态保护需求等级相对较高,一级和二级等级占比较高,总和大于60％且一级占比也较高,均大于20％,其中浦口区生态保护需求一级区域占比最高,而高淳区则相对较低。在各类型生态红线区域统计(表4-4)中,地质遗迹保护区、重要渔业水域以及森林公园三类红线区域的生态保护需求一级占比较高;风景名胜区、生态公益林、重要湿地和湿地公园的一级保护需求区域占比则相对较低。

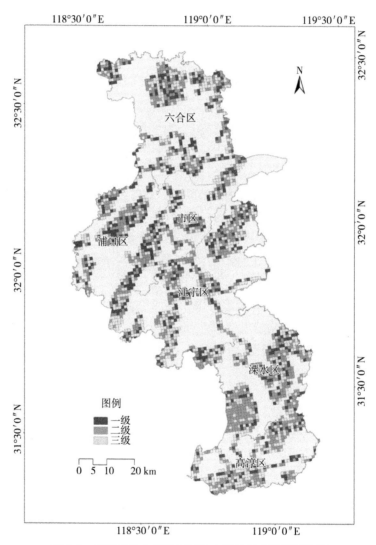

图 4-2 南京市生态红线区域生态保护需求等级划分图

表 4-3　南京市各行政区生态保护需求等级划分统计

行政区	一级占比(%)	二级占比(%)	三级占比(%)
南京市区	21.37	44.64	33.99
江宁区	20.46	38.42	41.13
浦口区	26.13	44.70	29.17
六合区	23.67	40.94	35.39
溧水区	16.19	52.57	31.24
高淳区	14.11	43.64	42.25

表 4-4　南京市不同类型生态红线区域生态保护需求等级划分统计

类型	一级占比(%)	二级占比(%)	三级占比(%)
地质遗迹保护区	25.31	44.40	30.29
森林公园	22.96	47.10	29.94
洪水调蓄区	20.14	42.50	37.36
清水通道维护区	20.62	54.76	24.62
湿地公园	18.18	33.01	48.81
生态公益林	17.99	44.95	37.06
自然保护区	20.48	27.75	51.77
重要水源涵养区	20.03	40.17	39.81
重要渔业水域	23.94	44.17	31.90
重要湿地	13.70	37.31	48.99
风景名胜区	17.00	54.36	28.64
饮用水水源保护区	20.63	34.31	45.06

4.3.2　建设开发密度等级划分

为进行空间协调性状态分析,还需要对生态红线区域及周边地区开发建设状况进行等级划分。本书以公里格网内建设区域面积占比为基础进行建设开发密度等级划分,通过数据统计的方式进行量化分级。K-Means 聚类法能够通过少量的计算快速将样本归入相对同源的类。为此,基于公里格网建设面积占比,使用 SPSS 统计软件对公里格网的建设密度进行 K-Means 聚类,不指定聚类中心,直接将公里格网分成四类,并按照从高到低的顺序划分为一级、二级、三级和四级,共四个级别。经过检验,显著性参数 Sig 值为 0.021,Sig 小于0.05,聚类结果较显著(林宇 等,2016;王利 等,2013;张永江 等,2017)。

根据聚类统计结果(图4-3、表4-5、表4-6),南京市生态红线区域中建设开发密度一级区域占比较小,除六合区和市区建设开发密度一级区域占比2.70%和1.57%外,其余各区均小于1.00%。洪水调蓄区和生态公益林的建设开发密度一级区域占比略大,分别为5.10%和3.33%,其余均小于1.00%,其中清水通道维护区和自然保护区为0,特别是自然保护区的建设开发密度情况最为乐观,建设开发密度最小的四级区域占比高达99.56%。

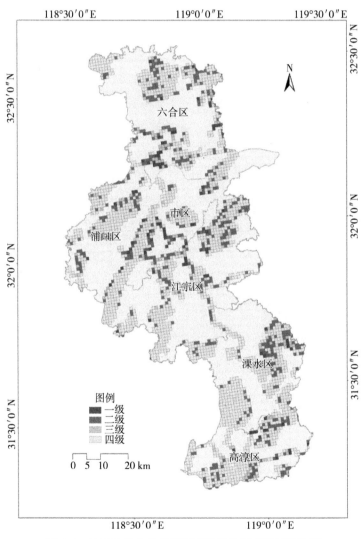

图4-3 南京市生态红线区域建设开发密度等级划分图

表 4-5　南京市各行政区建设开发密度等级划分统计

行政区	一级区域(%)	二级区域(%)	三级区域(%)	四级区域(%)
南京市区	1.57	13.13	4.67	80.63
江宁区	0.21	16.31	3.08	80.40
浦口区	0.20	16.66	2.71	80.54
六合区	2.70	19.18	5.91	72.22
溧水区	0.81	18.81	2.37	78.01
高淳区	0.43	17.90	4.94	76.73

表 4-6　南京市不同类型生态红线区域建设开发密度等级划分统计

类型	一级区域(%)	二级区域(%)	三级区域(%)	四级区域(%)
地质遗迹保护区	0.57	18.54	0.36	80.53
森林公园	0.42	15.63	5.08	78.86
洪水调蓄区	5.10	35.73	16.09	43.07
清水通道维护区	0.00	11.12	10.03	78.84
湿地公园	0.24	5.28	0.96	93.52
生态公益林	3.33	12.55	8.48	75.63
自然保护区	0.00	0.14	0.30	99.56
重要水源涵养区	0.07	22.13	1.71	76.10
重要渔业水域	0.23	7.10	0.78	91.89
重要湿地	0.07	23.40	1.93	74.60
风景名胜区	0.95	17.67	3.16	78.22
饮用水水源保护区	0.16	18.41	5.15	76.28

4.3.3　空间协调性状态的确定

根据格网单元的生态保护需求等级和建设开发密度等级结果,以两者为行和列,建立互斥分类矩阵(张洁瑕,2008;陈诚,2011;王无敌,2011),按照优先保护生态、控制空间开发的准则,对南京市生态红线区域与建设用地空间协调性状态进行分析,生成生态保护需求等级和建设开发密度等级互斥分类矩阵列表,得到南京市生态红线区域保护需求等级和建设开发密度等级的协调性研究结果,并对协调性状态分成四类:协调、较协调、较不协调和不协调,详见表 4-7。

生态红线的协调区域是指生态保护用地面积比例大,区域内基本无建设用地,受到人为干扰影响很小,有利于自然生态系统的良性发展。

生态红线的较协调区域是指生态保护用地面积比例较大,生态保护需求级别一般,区域内建设用地面积较小,自然生态系统的发展受到人为干扰的影响较小。

生态红线的较不协调区域是指生态保护用地面积比例较小,生态保护需求级别较高,区域内建设用地面积较大,自然生态系统的发展受到人为干扰的影响较大。

生态红线的不协调区域是指生态保护用地面积比例小,生态保护需求级别最高,区域内建设用地面积分布大,存在严重占用生态红线区域的情况,自然生态系统的发展受到人为干扰的影响十分严重。

表4-7 南京市生态保护需求等级与建设开发密度等级互斥分类矩阵列表

生态保护需求等级	建设开发密度等级	协调性状态
生态红线保护需求一级	建设开发密度一级	不协调
	建设开发密度二级	较不协调
	建设开发密度三级	较不协调
	建设开发密度四级	协调
生态红线保护需求二级	建设开发密度一级	较不协调
	建设开发密度二级	较不协调
	建设开发密度三级	较协调
	建设开发密度四级	协调
生态红线保护需求三级	建设开发密度一级	较不协调
	建设开发密度二级	较协调
	建设开发密度三级	较协调
	建设开发密度四级	协调

4.4 空间协调性研究结果分析

4.4.1 生态红线区域与建设用地空间协调性分析

本书基于 ArcGIS 平台,叠置(Intersect)生态红线区域、建设用地、土地利用等多层空间分布数据,利用交叉统计方法分析各行政区和各类型生态红线区域的建设用地及其空间分布特征,并从维护区域生态系统服务的主导生态功能出发,对生态红线区域保护和建设用地的空间协调性进行了研究。

根据研究分析结果(表 4-8),南京市全域的生态红线区域基本为协调和较协调类型,其中协调格网总数 2 088 个,占总格网数的 71.14%,协调区域面积占比为 77.64%,较协调格网总数 355 个,占总格网数的 12.10%,较协调区域面积占比为 9.84%。较不协调类型面积较小,呈现零散分布状态,较不协调格网总数 462 个,占总格网数的 15.74%,较不协调区域面积占比为 12.29%。不协调类型面积极少,格网总数 30 个,占总格网数的 1.02%,不协调区域面积占比仅为 0.23%。协调和较协调类型格网总占比为 83.24%,而

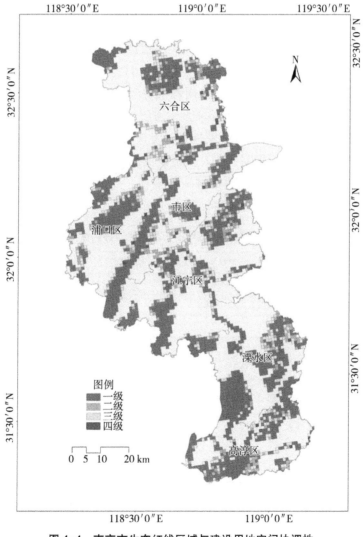

图 4-4 南京市生态红线区域与建设用地空间协调性

面积总占比为 87.48%，较不协调格网占比为 15.74%，从总体上看南京市生态红线区域生态保护状况良好。

但是从较不协调区域和不协调区域的存在（图 4-4）看来，南京市生态红线区域的生态保护也存在着不和谐因素。首先，不协调类型多数存在于六合区，较明显的格网斑块有 5 处；其中 2 处位于六合区国家地质公园，通过对土地利用现状图的进一步叠加分析可知，这些建设占用类型为采矿用地；2 处位于马汊河—长江生态公益林，为城市建设用地；另有 1 处位于城市生态公益林，该处也为城市建设用地。此外溧水区也存在一不协调格网，位于东庐山风景区，为建设用地占用。

根据格网内的建设用地类型的统计结果（表 4-9），不协调区域总建设用地占比最高，为 81.98%，其次为较协调区域，协调和较不协调区域的建设用地占用均较小，在不协调区域中采矿用地占用最严重。较协调区域中建设用地占比较大，主要是由于较协调区域为生态红线区域的二级管控区，在不损害主导生态功能的前提下可以适度进行开发建设活动。因此，二级管控区内存在一些开发建设活动，但对这些开发建设活动的性质和建设规模需要进行严格的审批，以避免对生态红线区域造成损害。此外，不协调区域中的采矿用地占比较高，需要引起高度重视。

表 4-8　南京市生态红线区域与建设用地空间协调性格网数统计

协调性状态	公里格网数（个）	格网数占比（%）	面积占比（%）
协调	2 088	71.14	77.64
较协调	355	12.10	9.84
较不协调	462	15.74	12.29
不协调	30	1.02	0.23
合计	2935	100	100

表 4-9　南京市空间协调性研究结果建设用地类型统计

协调性状态	总建设用地占比（%）	城市建设用地占比（%）	交通用地占比（%）	采矿用地占比（%）
协调	2.23	1.80	0.32	0.10
较协调	27.61	21.72	2.59	3.30
较不协调	3.13	2.46	0.37	0.30
不协调	81.98	53.37	5.13	23.48

4.4.2 南京市各行政区生态红线区域空间协调性分析

南京市各行政区由于城市发展和建设特点不同,在生态红线区域划分与建设用地空间布局上略有差异(表4-10)。总体上各区协调类型面积占比均较大,南京市区、江宁区和浦口区协调类型占比达到80%以上,不协调区域占比均在0.09%以下;六合区、溧水区和高淳区协调区域占比略低,较不协调区域和不协调区域相对大一些,特别是六合区不协调区域占比较高,达0.71%,较不协调区面积占比也最高,达15.13%。

江宁区先后出台一系列生态红线区域保护规划、管理机制实施方案、监督管理和考核规定等,并开展生态红线相关服务项目等,建设生态红线管控政策体系,加强管控,建立了生态红线区域保护机制。针对不同生态功能、定位及重要性进行分级管理,确定了分级管理目标和细则,按照"一区、五带、二十六廊、三十五节点"的网络状生态安全格局,构建"三纵二横"的生态网架和生态廊道。对风景名胜区、森林公园、地质公园、饮用水水源保护区、水源涵养区、生态公益林、重要湿地、洪水调蓄区等8种功能片区,实行环保、规划、国土、林业共同把关。

南京市区包括玄武区、鼓楼区、建邺区、秦淮区,市区内部红线区域较完整,主要为市中心的钟山风景区、燕子矶饮用水水源保护区和栖霞山森林公园,此3处红线区域作为南京市著名景点,形成了较好的保护机制,且大部分为一级管控区,对建设限制严格,协调性控制较严格。

浦口区自2013年获得"国家生态区"称号以来,完成了《浦口区生态红线区域保护监督管理考核暂行办法》等保护措施,坚持"环境换取增长"到"环境优化增长"的战略性转变,通过开展农村环境综合整治和清水行动,进一步确立了浦口区生态红线的刚性地位。

溧水、高淳和六合区也相继出台生态红线区域保护监管机制,通过多措并举强化生态红线保护,控制开发强度,推动经济绿色转型,改善生态环境质量,积极维护区域生态安全。

因此,从总体上看,南京市各区生态红线区域与建设用地的空间协调性较好,但部分区域仍然存在着违规开发的现象,对生态红线区域造成一定的影响,需要进一步加强监管。

表 4-10　南京市各行政区生态红线区域空间协调性研究结果

行政区	协调区域(%)	较协调区域(%)	较不协调区域(%)	不协调区域(%)
南京市区	80.63	8.16	11.12	0.09
江宁区	80.40	9.23	10.29	0.08
浦口区	80.45	8.93	10.54	0.09
六合区	72.22	11.94	15.13	0.71
溧水区	78.01	8.49	13.36	0.14
高淳区	76.73	11.22	11.96	0.09

4.4.3　各类生态红线区域与建设用地空间协调性分析

根据南京市各类生态红线区域空间协调性研究结果统计(表4-11),自然保护区、湿地公园、重要渔业水域的协调区域占比均大于90%,而洪水调蓄区协调区域占比最小,仅为43.07%;洪水调蓄区和重要湿地较协调区域占比较大,分别为26.66%和14.64%;协调区域占比由大到小依次为:自然保护区、湿地公园、重要渔业水域、森林公园、清水通道维护区、风景名胜区、饮用水水源保护区、重要水源涵养区、生态公益林、重要湿地、地质遗迹保护区、洪水调蓄区。地质遗迹保护区的不协调区域占比最大,达8.99%,其次是洪水调蓄区和生态公益林,分别为1.47%和0.85%。

由于自然保护区受到较为严格的管控,受到人为干扰和建设开发的影响很小,因此,基本不存在不协调区域;清水通道维护区多为河道,且管控级别均为二级,受到开发建设的影响较小,也不存在不协调区域;重要水源涵养区多为植被覆盖较好的山体,受到良好的保护,开发建设占用对生态红线区域的影响也很小,不存在不协调区域。

另一方面,地址遗迹保护区长期以来由于边界范围模糊不清,管控不严,受到开发建设的影响较大,特别是受到采矿的影响较大。而洪水调蓄区与清水通道相比,由于管控限制较为宽泛,只要不影响洪水调蓄这一主导生态功能,开发建设活动受限较小,因此协调区域占比较小。

表 4-11　南京市各类生态红线区域空间协调性研究结果统计

类型	协调区域（%）	较协调区域（%）	较不协调区域（%）	不协调区域（%）
自然保护区	93.67	3.44	2.89	0.00
湿地公园	93.52	2.01	4.32	0.15
重要渔业水域	91.89	1.59	6.52	0.01
森林公园	78.86	11.28	9.81	0.05
清水通道维护区	78.84	10.03	11.12	0.00
风景名胜区	78.22	8.83	12.82	0.13
饮用水水源保护区	76.28	12.62	11.08	0.01
重要水源涵养区	76.10	12.24	11.66	0.00
生态公益林	75.63	9.70	13.82	0.85
重要湿地	74.60	14.64	10.69	0.07
地质遗迹保护区	73.29	8.85	8.86	8.99
洪水调蓄区	43.07	26.66	28.80	1.47

第五章
生态红线区域生态系统服务价值核算

5.1　生态系统服务功能及价值核算

生态系统服务功能是指生态系统与生态过程所形成及所维持的人类赖以生存的自然环境条件与效用。生态系统不仅为人类提供了食品、医药及其他生产生活原料，还创造与维持了地球生命支持系统，形成了人类生存所必需的环境条件（欧阳志云，1999）。生态系统服务功能的内涵可以包括有机质的合成与生产、生物多样性的产生与维持、调节气候、营养物质贮存与循环、土壤肥力的更新与维持、环境净化与有害有毒物质的降解、植物花粉的传播与种子的扩散、有害生物的控制、减轻自然灾害等许多方面。

生态系统服务功能是人类生存与发展的基础，它为人类提供了持续可观的各类产品和各种可见或不可见的服务。人类离不开自然生态系统，更确切地说，人类离不开生态系统的服务功能，为了维持自身的生存和发展就必须从生态系统中获得生态系统产品，或改造生态系统的结构与过程来生产所需的产品。人类维持自身生存与发展过程正是人类利用生态系统服务功能的过程（郑华，2003）。这一过程既会损害生态系统的结构和功能，也可能通过人工措施促进生态系统的健康发展。人类如果正确地、适度地、合理使用，生态系统将能够持续不断地供给这些服务。但是如果人类过度地、不合理地从生态系统中攫取某一类型的服务，最终所有的生态系统服务将减少甚至消失。

生态系统的服务功能中不仅单个或部分要素对人类社会有用，而且还有各组成要素的综合作用，并且形成于一个特定的地理区域内，尽管在一定程度上也向外辐射，对其他区域或全球产生效益，但是绝大部分生态系统服务还是在一定的地理区域内发挥作用，具有明显的地域性特征（阎水玉，2002）。

生态系统往往具有多重生态服务功能。比如森林有调节气候、涵养水源、保持水土、防风固沙、净化空气、美化环境等功能；湿地有涵养水源、调节径流、防洪抗旱、降解污染物、生物多样性保护等功能。从不同的尺度上分析，生态系统服务功能的重要性会有比较明显的差异。值得注意的是，生态服务是由生态系统功能产生的，但并不一定与生态系统功能一一对应，有些情况下一种生态系统服务是由两种或两种以上功能所共同产生的，在另一些情况下，一种生态功能可以产生两种或两种以上的生态系统服务（谢高地，2001）。

20 世纪 90 年代，Costanza 等人对生态系统的服务功能作了充分的研究，将生态系统的服务功能分为如干扰调节、土壤形成、营养循环、废物处理、授粉、生物控制、栖息地、基因资源、娱乐、文化等17种类型,为核算全球生态系统服务价值作出重要的尝试和创新。

我国一些学者在总结了上述生态系统服务功能的基础上,将生态系统服务功能主要归纳为以下几种类型:有机质的生产与生态系统产品、生物多样性的产生与维持、调节气候、减轻洪涝与干旱灾害、土壤的生态服务功能、传粉与种子的扩散、有害生物的控制、环境净化以及社会文化源泉等(欧阳志云,1999;孙刚,2000)。

目前,最新的并且得到国际广泛认同的生态系统服务功能分类体系是由千年生态系统评估工作组(MA 2003)提出的。MA 的生态服务功能分类系统将主要服务功能归纳为提供产品、调节、文化和支持四个大的功能组。具体分类体系如图5-1所示。

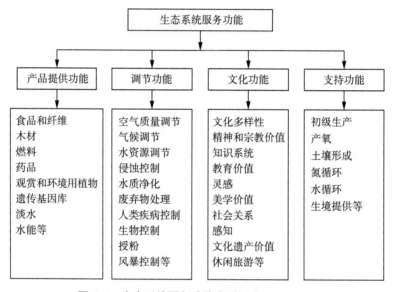

图5-1 生态系统服务功能类型划分(MA 2003)

生态系统服务功能的生态系统过程和服务功能只有在特定的时空尺度上才能充分表达其主导作用和效果,而且最容易观测。也就是说,生态系统过程和服务功能常常具有一个特征尺度,即典型的空间范围和持续时段(Millennium Ecosystem Assessment,2005)。在不同的尺度,生态系统体现出来的服务功能有所侧重。在局域尺度上,森林生态系统服务功能主要体现在木材生产方面；在区域尺度上，森林生态系统的服务功能则体现在涵养水源、调节气候、防洪减灾等方面。

在同一尺度上，生态系统会产生多种服务功能，同一生态系统过程会影响多种服务功能，过分强调某一功能会削弱和损害生态系统其他服务功能，并可能导致一系列环境问题。但是要维持和实现这些生态系统服务功能，其措施由于各不相同，甚至也会产生矛盾。如对中国西部草原提供食物的功能过度利用，导致草原退化，致使草原固沙功能退化，甚至丧失，加剧中国华北地区的沙尘暴。

生态系统服务功能在不同生态系统尺度上产生，并且被提供给不同行政尺度上的利益相关方。在不同的行政尺度上，利益相关方依靠不同的生态系统服务功能来获得生存和发展，不同尺度上利益相关方对生态系统服务功能的价值具有不同的认识。这使得在不同尺度上，利益相关方对生态系统服务功能的支付意愿大不相同。因此，对生态系统服务功能价值进行评估时，在不同尺度上的利益相关方会对同一生态系统服务功能赋予不同的价值。

开展生态系统服务的价值研究，能够识别具有重要生态功能的区域，掌握生态系统所发挥的各种生态功能，区分生态系统因区域差异而形成的不同生态价值体系。多年来，人们通过探索不同的评价方法，对自然资本和生态资产进行评估，并取得了一些重要的研究成果。但直到现在人们对自然生态系统过程机理了解还不充分，对生态系统服务与自然资本价值还缺乏足够的认识，从而使生态系统服务价值评价引起广泛争议。生态系统服务价值评价被指存在诸多不足，比如过多依赖假设，片面以及基本停留在静态层面等。然而，鉴于生态系统服务价值评价在提高人类认识生态系统、改善人类福利方面具有的重要意义，仍然是当前研究的热点问题。

5.2　生态系统服务价值核算方法

5.2.1　生态系统服务价值核算方法

生态系统服务价值核算大致分为两类：功能价值法和当量因子法。功能价值法即基于生态系统服务功能量的多少和功能量的单位价格得到总价值；当量因子法是在区分不同种类生态系统服务功能的基础上，基于可量化的标准构建不同类型生态系统各种服务功能的价值当量，然后结合生态系统的分布面积进行评估(谢高地,2015)。

功能价值法的优点是对生态系统的服务价值进行分类,运用较为成熟的模型对各种价值进行计算,兼顾了区域差异与时效性,具有更好的参考价值。但该方法存在的不足是涉及的模型和参数众多,数据信息量大,计算过程复杂,特别是针对同一种价值计算方法多样,采用不同的方法获得的结果可能相差较大。

在功能价值法的评价中,通常将生态系统服务功能的价值分为以下4类:直接利用价值、间接利用价值、选择价值、存在价值。直接利用价值指生态系统产品所产生的价值,包括食品、医药及其他工农业生产原料、景观娱乐等带来的直接价值,其评价可用产品的市场价格来估计;间接利用价值指难以商品化的生态系统服务功能,其评价要根据生态系统功能的类型来确定;选择价值指人们为了将来能直接利用与间接利用某种生态系统服务功能的支付意愿;存在价值指人们为确保生态系统服务功能继续存在的支付意愿。评估方法也很多,可分为两大类:一是替代市场技术,以"影子价格"和消费者剩余来表达生态服务功能的经济价值,包括费用支出法、市场价值法、机会成本法、旅行费用法和享乐价格法等多种评价方法;二是模拟市场技术,以支付意愿和净支付意愿来表达生态服务功能的经济价值,其评价方法是条件价值法。在诸多生态系统服务功能的经济价值评估方法中,以条件价值法、费用支出法与市场价值法最为常用。

当量因子法借用已有的价值当量数据,并通过一定的方法进行单位价值系数修正,计算相对简便,数据需求少,具有良好地横向可比性。当量因子法的关键是采用与研究区生态系统相似的当量因子表。2003年,谢高地在Costanza对全球生态资产评估的基础上,构建了基于专家知识的生态系统服务价值评价方法,制定出我国生态系统生态服务价值当量因子表,并在我国生态系统服务价值评估中得到了很好的应用。同时,一些学者指出,生态系统的生态服务功能大小与该生态系统的生物量有密切关系,采用当量因子法而不考虑生物量,将会产生更大的误差。为此,许多学者在生态系统服务价值评估时,通过提取区域生态系统的生物量参数来进行校正,以反映出生态系统服务价值的区域差异,这一方法被广泛采纳和引用。

综合各方面因素,本书采用当量因子法对南京市全域及生态红线区域分别进行生态系统服务价值核算。生态系统服务价值评价的公式如下:

$$ESV = \sum A_i \times VC_i \qquad (5\text{-}1)$$

式中：ESV 为生态系统服务价值；A_i 为研究区第 i 种土地利用类型的分布面积；VC_i 为第 i 种土地利用类型的单位面积生态系统服务价值；i 分为林地、草地、农田、湿地和水体 5 种类型。

5.2.2　生态系统服务价值修正方法

1. 价值修正方法

由于生态系统所处的区位不同和自身的差异，其所产生的生态系统服务价值会有差别。为此需要分析生态系统质量状况的生态参数，利用获得的生态参数调整单位面积价值量，以便准确地反映出生态系统服务的价值差异情况。

考虑到生物量并不能完全反映生态系统的生态服务功能，而且，由于大尺度区域内生态系统的复杂多样，不同类型生态系统的生物量数据难以精确获得等，本书在谢高地 2003 年提出的我国生态系统生态服务价值当量数据（表 5-1）基础上，采用净初级生产力和植被覆盖度两个参数对生态系统服务价值进行修正（潘耀忠，2004），以便更加准确地获得生态系统服务价值评价结果。

表 5-1　中国不同陆地生态系统单位面积生态系统服务价值 *

单位：元/hm²

生态系统服务功能	林地	草地	农田	湿地	水域	荒漠
气体调节	3 097.0	707.9	442.4	1 592.7	0.0	0.0
气候调节	2 389.1	796.4	787.5	15 130.9	407.0	0.0
水源涵养	2 831.5	707.9	530.9	13 715.2	18 033.2	26.5
土壤形成与保护	3 450.9	1 725.5	1 291.9	1 513.1	8.8	17.1
废物处理	1 159.2	1 159.2	1 451.2	16 086.6	16 086.6	8.8
生物多样性保护	2 884.6	964.5	628.2	2 212.2	2 203.3	300.8
食物生产	88.5	265.5	884.9	265.5	88.5	8.8
原材料	2 300.6	44.2	88.5	61.9	8.8	0.0
娱乐文化	1 132.6	35.4	8.8	4 910.9	3 840.2	8.8
合计	19 334.0	6 406.5	6 114.3	55 489.0	40 676.4	370.8

* 表格内容引自谢高地（2003）。

生态系统服务价值调整系数计算公式如下：

$$R_{ij} = \left[\frac{NPP_j}{NPP_{mean}} + \frac{F_j}{F_{mean}} \right] / 2 \qquad (5-2)$$

式中：NPP_{mean} 和 F_{mean} 分别为区域内该生态系统植被净初级生产力的均值和植被覆盖度的均值；NPP_j 和 F_j 为 j 象元的植被净初级生产力（NPP）和

植被覆盖度(F_v)。图 5-2 和图 5-3 分别为 2000—2015 年南京市植被净初级生产力和植被覆盖度。

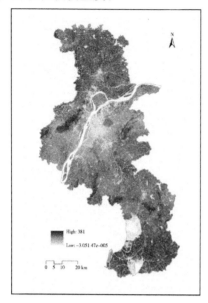

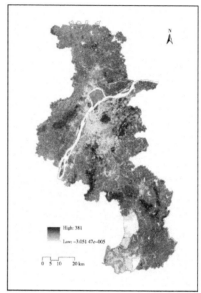

2000 年　　　　　　　　　　　　　　　2005 年

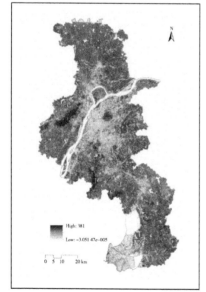

2010 年　　　　　　　　　　　　　　　2015 年

图 5-2　2000—2015 年南京市植被净初级生产力

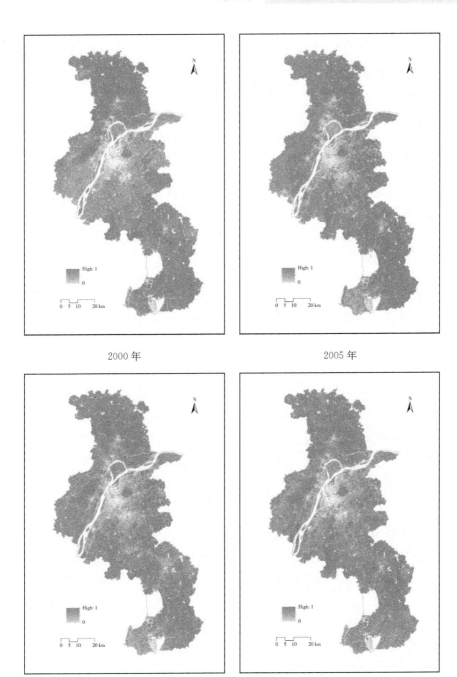

2000 年   2005 年

2010 年   2015 年

图 5-3　2000—2015 年南京市植被覆盖度

2. 价值修正系数计算结果

按照林地、草地和耕地等不同生态系统类型,分别提取南京市生态红线区域内的生态系统服务价值修正系数,最后得到生态红线区域内不同年代、不同类型的生态系统服务价值修正系数(表 5-2、图 5-4)。

表 5-2　南京市生态红线区域生态系统服务价值修正系数

类型	2000 年	2005 年	2010 年	2015 年
林地	1.06	1.08	1.07	1.11
草地	0.99	1.01	1.02	1.01
耕地	1.02	0.98	1.01	0.99

从得出的结果看,林地的生态系统服务价值修正系数都在 1 以上,最高达到了 1.11,平均值 1.08。这一结果显示出生态红线区域内的林地与全市林地相比,具有更高的植被覆盖度和净初级生态产力,充分说明了划入生态红线区域内的林地自然生态环境更好,也从另一方面验证了南京市生态红线区域是全市生态本底最好、最为关键的区域。

草地和耕地的生态系统服务价值修正系数较低,而且都存在低于 1 的现象。由于草地面积较小,在计算价值修正系数时,与林地相比,更容易受到天气、遥感数据解译的影响,同时,草地并不是南京重要的生态系统类型,在生态红线区域规划时,不是重点划定对象。耕地则是被动划入生态红线区域内的,因为从生态系统完整性和管理的角度,少部分耕地被划入生态红线区域是正常的,其价值修正系数无明显变化规律。

5.3　南京市生态系统服务价值核算

5.3.1　南京市域生态系统服务价值

按照土地利用分类系统,将南京市土地利用类型分为林地、草地、耕地、湿地、水域、人工表面 6 种类型,以便与谢高地(2003)在计算中国不同陆地单位面积生态系统服务价值时对生态系统类型的分类保持一致。本书中只计算前 5 种生态系统类型的价值,不计算人工表面的生态系统服务价值。

依据不同生态系统类型面积及其相对应的单位面积价值,对不同时期南京市域进行生态系统服务价值核算,各时期评价结果如表 5-3 至表 5-7 所示。

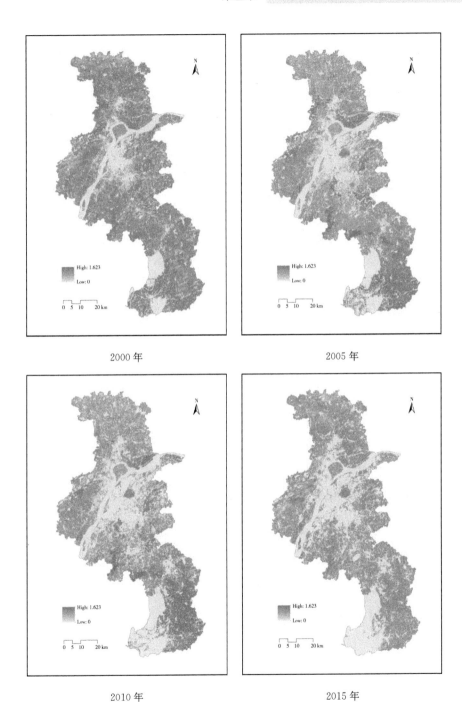

2000 年　　　　　　　　　　　　　　2005 年

2010 年　　　　　　　　　　　　　　2015 年

图 5-4　2000—2015 年南京市生态系统服务价值修正系数(R)

表 5-3　2000 年南京市生态系统服务价值

分类	单位面积价值（元/hm²）	面积		生态系统服务价值	
		面积（hm²）	面积比例（%）	总价值（亿元）	价值比例（%）
林地	19 334.0	62 591	9.50	12.10	16.72
草地	6 406.5	790	0.12	0.05	0.07
耕地	6 114.3	431 935	65.57	26.41	36.49
湿地	55 489.0	4 652	0.71	2.58	3.57
水域	40 676.4	76 802	11.66	31.24	43.16
人工表面	—	81 932	12.44	—	—
合计	—	658 702	100.00	72.38	100.00

表 5-4　2005 年南京市生态系统服务价值

分类	单位面积价值（元/hm²）	面积		生态系统服务价值	
		面积（hm²）	面积比例（%）	总价值（亿元）	价值比例（%）
林地	19 334.0	64 527	9.80	12.48	17.26
草地	6 406.5	766	0.12	0.05	0.07
耕地	6 114.3	384 184	58.32	23.49	32.51
湿地	55 489.0	4 616	0.70	2.56	3.54
水域	40 676.4	82 819	12.57	33.69	46.62
人工表面	—	121 790	18.49	—	—
合计	—	658 702	100.00	72.27	100.00

表 5-5　2010 年南京市生态系统服务价值

分类	单位面积价值（元/hm²）	面积		生态系统服务价值	
		面积（hm²）	面积比例（%）	总价值（亿元）	价值比例（%）
林地	19 334.0	71 899	10.92	13.90	19.71
草地	6 406.5	778	0.12	0.05	0.07
耕地	6 114.3	343 679	52.18	21.01	29.79
湿地	55 489.0	4 573	0.69	2.54	3.60
水域	40 676.4	81 196	12.33	33.03	46.83
人工表面	—	156 577	23.77	—	—
合计	—	658 702	100.00	70.53	100.00

表 5-6　2015 年南京市生态系统服务价值

分类	单位面积价值（元/hm²）	面积		生态系统服务价值	
		面积（hm²）	面积比例（%）	总价值（亿元）	价值比例（%）
林地	19 334.0	85 140	12.93	16.46	23.38
草地	6 406.5	840	0.13	0.05	0.08
耕地	6 114.3	320 270	48.62	19.58	27.81
湿地	55 489.0	4 539	0.69	2.52	3.58
水域	40 676.4	78 147	11.86	31.79	45.15
人工表面	—	169 766	25.77	—	—
合计	—	658 702	100.00	70.40	100.00

表 5-7　2000—2015 年南京市不同类型生态系统生态系统服务价值统计

单位：亿元

类型	2000 年	2005 年	2010 年	2015 年
林地	12.10	12.48	13.90	16.46
草地	0.05	0.05	0.05	0.05
耕地	26.41	23.49	21.01	19.58
湿地	2.58	2.56	2.54	2.52
水域	31.24	33.69	33.03	31.79
合计	72.38	72.27	70.53	70.40

根据生态系统服务价值评价结果，2000 年、2005 年、2010 年和 2015 年，南京市全域的生态系统服务总价值分别为：72.38 亿元、72.27 亿元、70.53 亿元和 70.40 亿元，有逐年下降的趋势，特别是在 2005 到 2010 年间，有明显下降。按照不同生态系统类型统计，水域的生态系统服务价值多年来一直最大，虽然其面积仅占南京市国土总面积的 12% 左右，但其生态系统服务价值占生态系统服务总价值的比例基本都在 43%～47% 之间；耕地的面积虽大，但耕地的单位面积价值较小，生态系统服务价值居于次位，并且逐年下降，其占总价值的比例由 2000 年的 36.49% 下降到 2015 年的 27.81%；与耕地相反，南京市林地面积逐年增加，林地的生态系统服务价值由 2000 年的 12.10 亿元增加到 2015 年的 16.46 亿元，逐年增长；湿地所发挥的生态系统服务功能非常重要，其单位面积价值在所有生态系统类型中最高，而南京市的湿地面积很小，并有减少的趋势，2015 年南京市湿地面积仅 4 539 hm²，占市国土面积的比例仅为 0.69%，但其生态系统服务价值占总价值的比例达 3.58%；南京市的草地十分稀少，草地面积是各类型中最少的，其年生态系统服务价

值多年来一直维持在 0.05 亿元左右。

5.3.2 生态红线区域生态系统服务价值

根据评价结果(表 5-8 至表 5-12),南京市已划定生态红线区域的生态系统服务价值从 2000 年的 31.50 亿元增加到 2015 年的 33.17 亿元。其中水域的生态系统服务价值远超其他类型,根据对生态红线区域的土地利用分析,以 2015 年为例,水域面积占生态红线区域总面积的比例为 27.84%,其生态系统服务价值为 17.60 亿元,占红线区域总价值的比例高达 53.04%;其次是林地,林地面积占生态红线区域总面积的 32.94%,生态系统服务价值为 10.98 亿元,占红线区域总价值的 33.11%;由于划入生态红线区域的耕地面积较大,占生态红线区域总面积的 29.41%,但其生态系统服务价值仅为 2.77 亿元,占红线区域总价值的比例为 8.34%;湿地面积占生态红线区域总面积的 2.11%,生态系统服务价值为 1.82 亿元,占红线区域总价值的 5.48%;草地的面积最小,占生态红线区域总面积的比例为 0.10%,其生态系统服务价值仅为 0.01 亿元,占红线区域总价值的 0.03%。

表 5-8　2000—2015 年南京市生态红线区域内不同类型生态系统的生态系统服务价值

单位:亿元

类型	2000 年	2005 年	2010 年	2015 年
林地	8.71	9.04	9.52	10.98
草地	0.01	0.01	0.01	0.01
耕地	3.80	3.37	3.15	2.77
湿地	1.77	1.76	1.77	1.82
水域	17.21	17.76	17.75	17.60
合计	31.50	31.94	32.20	33.17

表 5-9　2000 年南京市生态红线区域生态系统服务价值

分类	单位面积价值 (元/hm²)	修正系数 (R)	面积		生态系统服务价值	
			面积(hm²)	面积比例(%)	总价值(亿元)	价值比例(%)
林地	19 334.0	1.06	42 500	27.36	8.71	27.66
草地	6 406.5	0.99	202	0.13	0.01	0.04
耕地	6 114.3	1.02	60 867	39.18	3.80	12.05
湿地	55 489.0	1	3 182	2.05	1.77	5.61

分类	单位面积价值（元/hm²）	修正系数（R）	面积		生态系统服务价值	
			面积(hm²)	面积比例(%)	总价值(亿元)	价值比例(%)
水域	40 676.4	1	42 311	27.23	17.21	54.65
人工表面	—	—	6 301	4.06	—	—
合计	—	—	155 363	100.00	31.50	100.00

表 5-10 2005 年南京市生态红线区域生态系统服务价值

分类	单位面积价值（元/hm²）	修正系数（R）	面积		生态系统服务价值	
			面积(hm²)	面积比例(%)	总价值(亿元)	价值比例(%)
林地	19 334.0	1.08	43 308	27.88	9.04	28.31
草地	6 406.5	1.01	180	0.12	0.01	0.04
耕地	6 114.3	0.98	56 262	36.21	3.37	10.55
湿地	55 489.0	1	3 174	2.04	1.76	5.51
水域	40 676.4	1	43 651	28.10	17.76	55.59
人工表面	—	—	8 788	5.66	—	—
合计	—	—	155 363	100.00	31.94	100.00

表 5-11 2010 年南京市生态红线区域生态系统服务价值

分类	单位面积价值（元/hm²）	修正系数（R）	面积		生态系统服务价值	
			面积(hm²)	面积比例(%)	总价值(亿元)	价值比例(%)
林地	19 334.0	1.07	46 027	29.63	9.52	29.57
草地	6 406.5	1.02	145	0.09	0.01	0.03
耕地	6 114.3	1.01	50 998	32.83	3.15	9.78
湿地	55 489.0	1	3 190	2.05	1.77	5.50
水域	40 676.4	1	43 635	28.09	17.75	55.12
人工表面	—	—	11 368	7.32	—	—
合计	—	—	155 363	100.00	32.20	100.00

表 5-12 2015 年南京市生态红线区域生态系统服务价值

分类	单位面积价值（元/hm²）	修正系数（R）	面积		生态系统服务价值	
			面积(hm²)	面积比例(%)	总价值(亿元)	价值比例(%)
林地	19 334.0	1.11	51 174	32.94	10.98	33.11
草地	6 406.5	1.01	156	0.10	0.01	0.03

分类	单位面积价值（元/hm²）	修正系数（R）	面积		生态系统服务价值	
			面积（hm²）	面积比例（%）	总价值（亿元）	价值比例（%）
耕地	6 114.3	0.99	45 696	29.41	2.77	8.34
湿地	55 489.0	1	3 279	2.11	1.82	5.48
水域	40 676.4	1	43 258	27.84	17.60	53.04
人工表面	—	—	11 800	7.60	—	—
合计	—	—	155 363	100.00	33.18	100.00

从上述结果来看，无论是在南京市全域范围内还是在生态红线区域内，由于水域的单位面积生态系统服务价值较高，且面积较大，其生态系统服务价值占比都是最大的，而在生态红线区域内，水域的面积占比更大，价值占比也更高。林地在生态红线区域中的价值占比与其面积相比基本一致。耕地是被动划入生态红线区域中的，在生态红线区域中的价值占比低于林地。湿地的单位面积生态系统服务价值最大，生态系统服务价值占比与其面积相比有明显提升，但因面积较小，总的价值占比并不大。草地面积最小，生态系统服务价值占比也最小。

从修正系数也可以看出红线区域与全市的不同，除耕地的修正系数在生态红线区域与全市相比不明显外，林地和草地的修正系数在生态红线区域中基本都大于1，特别是林地的修正系数平均最高达到了1.11，这说明生态红线区域林地的覆盖度和初级生产力更高，从侧面反映出位于生态红线区域的林地生态环境更好，是生态保护最重要的区域。

5.3.3 生态系统服务价值评估结果

从生态系统服务价值评估结果来看，2015年南京市域生态系统服务总价值达到了70.40亿元，其中生态红线区域的生态系统服务价值为33.1亿元，占全市总价值的47.12%。而在南京市65.87万hm²土地总面积中，划入生态红线区域的面积为15.54万hm²，仅占国土面积的23.59%。即在占国土面积不足1/4的土地上，创造了全市近一半的生态系统服务价值，充分说明了生态红线区域生态功能的重要性。

从单位面积土地产生的生态系统服务价值来看，2015年南京全市土地平均生态系统服务单位面积价值为1.07万元/hm²，而划入生态红线区域的土地平均生态系统服务单位面积价值为2.14万元/hm²，是全市土地平均的2

倍。因无法避免,有相当一部分耕地和人工表面被划入生态红线区域,如果不考虑这些被动划入的耕地和人工表面,仅计算林地、草地、湿地和水域,划入生态红线区域的上述生态系统面积为 9.79 万 hm²,占全市国土面积的14.86%,但其生态系统服务价值达到了 30.41 亿元/a,占到全市生态系统服务总价值的 43.19%,单位面积价值为 3.11 万元/hm²,是全市土地平均的2.9 倍。

在南京市各类生态系统中,湿地的总面积虽小,2015 年时仅占南京市国土面积的 0.69%,但其单位面积生态系统服务价值最高,生态系统服务功能极其重要,具有涵养水源、净化环境、调蓄洪水、调节气候、控制土壤侵蚀、维持生态平衡、保持生物多样性和珍稀物种资源等多种功能。因而,对湿地的保护也特别重视,全市 72.24% 的湿地被划入生态红线区域,在所有类型中比例也是最高的。南京市比较重要的湿地包括:南京市绿水湾湿地(位于浦口区长江沿岸的绿水湾)、兴隆洲-乌鱼洲湿地(位于六合区沿江地带)、滁河湿地(滁河沿岸河流湿地)、长江江心洲湿地(包括新济洲、新生洲、再生洲、子母洲、子汇洲、潜洲以及与安徽交界处各小洲的湿地)、上秦淮湿地(秦淮河上游河滩湿地)等,主要湿地类型为河滩湿地。

多年来,南京市林地面积呈现不断增长的趋势,2015 年,林地面积已占全市国土面积的 12.93%,森林也是十分重要的生态系统,主要生态功能有水源涵养、水土保持、气候调节、环境净化、维护生物多样性等,是地球上最重要的生态系统之一。从重视程度上来看,林地仅次于湿地。全市有 60.11% 的林地面积划入生态红线区域。南京市林地主要有落叶针叶林、常绿针叶林、落叶阔叶林、针阔混交林、竹林、灌丛、草丛等植被类型。林地主要分布在山地丘陵地带,比如:市区内的栖霞山、幕府山、紫金山,以及江宁区的将军山、方山、牛首山、大连山—青龙山、马头山、横山,浦口区的老山、龙王山,六合区的平山、峨眉山,溧水区的无想山、东庐山,高淳区的游子山、花山等地,是南京市主要的森林植被分布区域,上述区域也全部划入了生态红线区域。

南京市水域面积占比较大,境内分布有众多的河流、湖泊,承担着重要的生物多样性保护、水文调蓄、环境净化、气候调节等功能。依托其较高的单位面积生态系统服务价值和较大的面积,水域在南京市生态系统服务价值中几乎占据了一半的价值。在生态红线区域划定中,从重视程度上看,水域次于湿地和林地,全市有 55.35% 的水域划入了生态红线区域。但从其在生态红线区域的价值占比中可以看出,水域是南京市生态红线区域中最重要的生态系统类型。南京市重要的水体有长江、秦淮河、滁河、石臼湖、高淳湖、金牛湖，以及作为饮用水源地的各大型水库等。

草地的单位面积生态系统服务价值较低，而且由于南京的草地面积极少，且分布零散，总的生态系统服务价值很低，全市仅有 18.57% 的草地划入生态红线区域。

按照生态红线区域的保护理念，耕地和人工表面并不在生态红线划定范围，但为保障生态系统完整性和连通性，同时考虑区域行政边界和管理需要等诸多因素，一些生态系统服务价值不高的区域也不可避免地被划入生态红线范围。南京市共有 14.27% 的耕地和 7.0% 的人工表面划入生态红线区域。

根据上述统计，在全市生态红线区域中，各类生态系统的面积占全市相应土地类型的面积比例排序依次为：湿地＞林地＞水域＞草地＞耕地＞人工表面。而各类生态系统的价值占生态红线区域总价值的比例依次为：水域＞林地＞耕地＞湿地＞草地＞人工表面。

5.4 南京市各区生态系统服务价值

1. 南京市区

南京市区由主城四区（鼓楼区、玄武区、秦淮区和建邺区）、雨花台区、栖霞区组成。市区是城市建设最密集的区域，在各土地利用类型中，建设用地占比最大。2015 年，南京市区人工表面占据了全部土地面积的 51.24%。

南京市区的生态红线区域包括自然保护区、地质遗迹保护区、风景名胜区、森林公园、湿地公园、饮用水水源保护区、洪水调蓄区、重要湿地、重要渔业水域和生态公益林等 10 种类型，生态红线区域总面积 106.74 km²。比较重要的生态红线区域有：钟山风景名胜区、栖霞山国家森林公园、幕燕省级森林公园、长江江豚省级自然保护区、牛首山和将军山风景区等。

由于城市建设的快速发展，建设用地的不断增加，南京市区的生态系统服务价值不断减少，由 2000 年的 8.96 亿元，逐渐下降到 2015 年的 7.98 亿元。但生态红线区域的生态系统服务价值变化不明显，2015 年，南京市区生态红线区域的生态系统服务价值为 2.92 亿元，占全区域总价值的 36.59%。其中水域的生态系统服务价值最大，其次是林地。详见表 5-13。

表 5-13　2000—2015 年南京市区全域及生态红线区域生态系统服务价值

单位：亿元

类型	2000 年		2005 年		2010 年		2015 年	
	全区	红线区	全区	红线区	全区	红线区	全区	红线区
林地	1.96	0.83	2.03	0.85	2.08	0.82	2.48	0.94
草地	0.02	0.01	0.02	0.01	0.02	0.01	0.02	0.01
耕地	1.87	0.04	1.30	0.03	0.95	0.02	0.86	0.02
湿地	0.42	0.13	0.44	0.16	0.41	0.17	0.27	0.14
水域	4.68	1.85	4.74	1.85	4.55	1.8	4.34	1.81
合计	8.96	2.86	8.54	2.89	8.01	2.82	7.98	2.92

2. 江宁区

江宁区是南京市各区中面积最大的区,总面积 1 563.3 km²。江宁区的生态红线区域包括地质遗迹保护、风景名胜区、洪水调蓄区、森林公园、生态公益林、重要湿地、重要水源涵养区和饮用水水源保护等 8 种类型,生态红线区域总面积 328.88 km²。主要的生态红线区域有:汤山国家地质公园、方山省级森林公园、牛首-祖堂风景区、大连山-青龙山水源涵养区、安基山水源涵养区、马头山水源涵养区、横山水源涵养区、长江洲滩和上秦淮重要湿地等。

因市区产业辐射转移,江宁区近年来土地开发建设加快,城市建设用地不断增加。受此影响,全区生态系统服务价值不断减少,已由 2000 年的 15.86 亿元下降到 2015 年的 14.19 亿元。生态红线区域的生态系统服务价值虽有波动,但整体呈现上升趋势,2015 年达 7.37 亿元,占全区总价值的 51.96%。受益于林地面积的不断增加,该区生态系统服务价值原来以耕地为主,现已逐步过渡到以林地为主。详见表 5-14。

表 5-14　2000—2015 年江宁区全域及生态红线区域生态系统服务价值

单位：亿元

类型	2000 年		2005 年		2010 年		2015 年	
	全区	红线区	全区	红线区	全区	红线区	全区	红线区
林地	4.42	3.58	4.51	3.71	4.57	3.72	5.10	4.06
草地	0.01	0.00	0.01	0.00	0.02	0.00	0.02	0.00
耕地	6.28	0.50	5.38	0.42	4.53	0.36	4.32	0.31
湿地	0.68	0.68	0.70	0.70	0.67	0.67	0.75	0.74

类型	2000 年		2005 年		2010 年		2015 年	
	全区	红线区	全区	红线区	全区	红线区	全区	红线区
水域	4.47	2.19	5.03	2.37	4.47	2.36	4.01	2.25
合计	15.86	6.95	15.64	7.20	14.26	7.10	14.19	7.37

3. 浦口区

浦口区土地总面积 910.49 km²。浦口区的生态红线区域包括饮用水水源保护区、森林公园、生态公益林、湿地公园、重要湿地、清水通道维护区、洪水调蓄区、风景名胜区等 8 种类型,生态红线区域总面积 231.23 km²。主要的生态红线区域有老山森林公园、绿水湾国家城市湿地公园、亭子山生态公益林、滁河湿地等。

浦口区的生态系统服务价值也呈现不断下降的趋势,已由 2000 年的 10.03 亿元,下降到 2015 年的 9.41 亿元。但生态红线区域的生态系统服务价值则稳步增长,2015 年已达 4.75 亿元。生态红线区域的生态系统服务价值占全区总值的比例,已由 2000 年的 43.77% 增长到 2015 年的 50.48%。详见表 5-15。

表 5-15   2000—2015 年浦口区全域及生态红线区域生态系统服务价值

单位:亿元

类型	2000 年		2005 年		2010 年		2015 年	
	全区	红线区	全区	红线区	全区	红线区	全区	红线区
林地	1.87	1.71	1.87	1.68	2.70	2.09	2.81	2.28
草地	0.00	0.00	0.00	0.00	0.00	0.00	0.00	0.00
耕地	3.81	0.55	3.55	0.51	3.16	0.38	2.77	0.34
湿地	0.45	0.26	0.42	0.23	0.46	0.26	0.51	0.27
水域	3.89	1.87	4.08	1.98	3.57	1.87	3.31	1.87
合计	10.03	4.39	9.92	4.41	9.89	4.60	9.41	4.75

4. 六合区

六合区土地总面积 1 470.99 km²,目前是全市各区中耕地面积最大的区域。2015 年该区耕地面积 96 575 hm²,占全市耕地总面积的 30.15%,占全区土地总面积的 65.65%。

六合区的生态红线区域包括自然保护区、地质遗迹保护区、森林公园、重要湿地、饮用水水源保护区、水源涵养区、洪水调蓄区和生态公益林等 8 种类型,生态红线区域总面积 324.65 km²。主要的生态红线区域有:六合国家地质公园、兴隆洲-乌鱼洲重要湿地、平山省级森林公园、峨眉山生态公益林,以及金牛湖、河王坝水库、山湖水库、大河桥水库、唐公水库、赵桥水库等湖泊水库水源涵养区。

相比之下,六合区无论是全区的生态系统服务价值,还是生态红线区域的生态系统服务价值均呈下降趋势。2015 年该区生态红线区域的生态系统服务价值虽比 2010 年有所增加,但增长不大。详见表 5-16。

表 5-16　2000—2015 年六合区全域及生态红线区域生态系统服务价值

单位:亿元

类型	2000 年		2005 年		2010 年		2015 年	
	全区	红线区	全区	红线区	全区	红线区	全区	红线区
林地	1.34	0.87	1.44	0.87	1.42	0.80	1.80	1.11
草地	0.01	0.00	0.01	0.00	0.01	0.00	0.01	0.00
耕地	6.67	1.24	6.06	1.00	5.86	1.08	5.90	1.05
湿地	1.03	0.70	1.00	0.67	1.00	0.67	0.99	0.67
水域	5.02	2.04	5.49	2.13	5.26	2.11	4.33	1.86
合计	14.07	4.85	14.00	4.67	13.55	4.66	13.04	4.69

5. 溧水区

溧水区土地总面积 1 063.67 km²。溧水区的生态红线区域包括风景名胜区、森林公园、饮用水水源保护区、水源涵养区、洪水调蓄区、生态公益林等 6 种类型,生态红线区域总面积 315.88 km²。主要的生态红线区域有:无想山国家森林公园、东庐山风景区、天生桥风景区、观山生态公益林、石臼湖,以及中山水库和方便水库等。

溧水区的生态系统服务价值整体上略有增加,生态红线区域的生态系统服务价值则持续增长,由 2000 年的 6.95 亿元,增加到 2015 年的 7.30 亿元。在各类型中,水域的生态系统服务价值一直占据着较大比重。详见表 5-17。

表 5-17　2000—2015 年溧水区全域及生态红线区域生态系统服务价值

单位:亿元

类型	2000 年		2005 年		2010 年		2015 年	
	全区	红线区	全区	红线区	全区	红线区	全区	红线区
林地	2.14	1.41	2.18	1.51	2.28	1.58	3.06	1.80
草地	0.00	0.00	0.00	0.00	0.00	0.00	0.00	0.00

类型	2000 年		2005 年		2010 年		2015 年	
	全区	红线区	全区	红线区	全区	红线区	全区	红线区
耕地	4.46	0.78	4.15	0.74	3.87	0.73	3.39	0.59
湿地	0.00	0.00	0.00	0.00	0.00	0.00	0.00	0.00
水域	6.15	4.76	6.63	4.84	6.46	4.81	6.74	4.90
合计	12.76	6.95	12.96	7.08	12.61	7.12	13.19	7.30

6. 高淳区

高淳区土地总面积 790.23 km²。全区土地面积虽然不大,但水域面积是各区中最大的,水域面积达 222.49 hm²,占据土地总面积的 28.16%。

高淳区的生态红线区域包括风景名胜区、洪水调蓄区、森林公园、生态公益林、湿地公园、饮用水水源保护区、重要渔业水域、自然保护区和清水通道维护区 9 种类型,生态红线区域总面积 246.26 km²。主要的生态红线区域有:游子山国家森林公园、花山生态公益林、固城湖国家城市湿地公园、石臼湖和水阳江等。

相比之下,高淳区单位面积土地的生态系统服务价值最高,达 1.59 万元/(hm²·a)。高淳区的生态系统服务价值持续增加,无论是全区还是生态红线区域,生态系统服务价值的增长趋势十分明显,增长幅度高于全市平均水平。详见表 5-18。

表 5-18　2000—2015 高淳区全域及生态红线区域生态系统服务价值

单位:亿元

类型	2000 年		2005 年		2010 年		2015 年	
	全区	红线区	全区	红线区	全区	红线区	全区	红线区
林地	0.37	0.31	0.44	0.43	0.85	0.51	1.20	0.79
草地	0.00	0.00	0.00	0.00	0.00	0.00	0.00	0.00
耕地	3.31	0.69	3.05	0.67	2.64	0.58	2.33	0.45
湿地	0.00	0.00	0.00	0.00	0.00	0.00	0.00	0.00
水域	7.03	4.49	7.71	4.59	8.72	4.80	9.05	4.90
合计	10.71	5.49	11.20	5.69	12.22	5.90	12.59	6.15

5.5　生态系统服务价值演变趋势

5.5.1　南京市生态系统服务价值变化

根据评价结果,南京市全域的生态系统服务价值呈现持续下降的趋势,特别是 2005 年到 2010 年,下降幅度较大。原因一方面是耕地面积减少较多,建设用地面积大幅增加;另一方面是水域面积突然下降。

从各土地利用类型来看,受益于林地面积的不断增长,林地的生态系统服务价值持续增加,特别是 2005 年以来,大幅增加;草地面积很小,且变化不大,因此其生态系统服务价值基本无变化;由于耕地面积不断减少,其生态系统服务价值明显下降;湿地的面积也比较小,总的生态系统服务价值并不高,自 2000 年以来,南京市自然湿地面积虽未发生大面积损失,但总面积略有下降,其生态系统服务价值也呈下降趋势;水域是最重要的生态系统,面积占比较大,水域的生态系统服务价值在 2000 年至 2005 年有明显的增加,但此后突然呈现下降趋势。

综上,2000 年至 2015 年间南京市的生态系统服务价值呈现下降趋势。其中林地的价值显著增加,而耕地的价值明显下降,水域的价值呈现出先增加后减少的走势。湿地和草地由于面积较小,生态系统服务价值总体占比不大,多年来虽有变化,但并不明显。详见图 5-5。

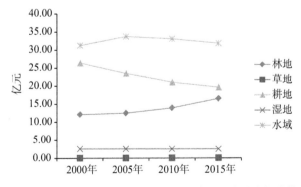

图 5-5　2000—2015 年南京市生态系统服务价值变化趋势

5.5.2 生态红线区域的生态系统服务价值变化

2000 年至 2015 年间,南京市生态红线区域的生态系统服务价值呈现明显不断增加的趋势,这从另一方面说明生态红线区域的生态环境在变好。从各土地利用类型上看,与南京市全域相比,草地和湿地由于面积较小且变化不明显,二者的生态系统服务价值依然没有明显的变化;林地的价值同样呈现显著增加趋势,耕地的价值亦明显下降;而水域的价值则呈现先增加后下降的趋势,但与全部水域相比,变化幅度较小。详见图 5-6。

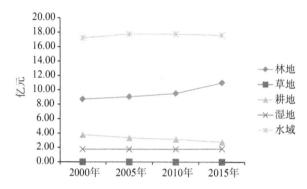

图 5-6　2000—2015 年南京市生态红线区域生态系统服务价值变化趋势

5.5.3 各区生态系统服务价值变化

1. 各区生态系统服务价值变化

包括南京市区、江宁区、浦口区、六合区在内,这 4 个区域总的生态系统服务价值在 2000 年至 2015 年间不断下降。其中江宁区在 2005 年到 2010 年间下降幅度较大,这段时期该区耕地面积大幅下降。究其原因,主要是南京市区是城市建设发展最快的地区,生态用地减少,城镇建设用地扩大是造成生态系统服务价值逐年减少的主要原因,江宁、浦口、六合环绕市区周边,最容易受到市区产业转移和开发建设的辐射影响,因此,生态用地也更容易被占用。比如,江宁在撤县并区之后,受到市区产业转移和城市开发建设不断加大的影响,大量土地被占用,生态系统服务功能显著下降。而溧水区和高淳区离市区较远,受到的辐射影响较小,同时,两区生态环境保护的效果也更明显,总的生态系统服务价值则呈现增长的趋势,特别是高淳区,生态系统服务价值增长较快,由 2000 年的 10.71 亿元,增长到 2015 年的 12.59 亿元,增加了 17.55％,与其他区域相比增长非常明显。高淳区增加的生态系统服务价值主要表现在林地和水域上,其中林地的价值增长了 225.6％,水域的价值增长了 28.7％。详见表 5-19、图 5-7。

表 5-19　2000—2015 年南京市各区生态系统服务价值

单位:亿元

行政区	2000 年		2005 年		2010 年		2015 年	
	全区	红线区	全区	红线区	全区	红线区	全区	红线区
市区	8.96	2.86	8.54	2.89	8.01	2.82	7.98	2.92
江宁区	15.86	6.95	15.64	7.20	14.26	7.10	14.19	7.37
浦口区	10.03	4.39	9.92	4.41	9.89	4.60	9.41	4.75
六合区	14.07	4.85	14.00	4.67	13.55	4.66	13.04	4.69
溧水区	12.76	6.95	12.96	7.08	12.60	7.12	13.19	7.30
高淳区	10.71	5.49	11.20	5.69	12.22	5.90	12.59	6.15
合计	72.38	31.50	72.26	31.94	70.53	32.20	70.40	33.17

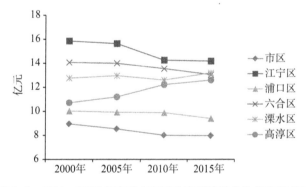

图 5-7　2000—2015 年南京市各区生态系统服务价值变化趋势

2. 各区生态红线区域的生态系统服务价值变化

2000 年至 2015 年间,浦口区、溧水区和高淳区生态红线区域的生态系统服务价值均呈不断增加的趋势,市区和江宁区则在 2005 年至 2010 年间有小幅下降,而六合区自 2000 年至 2010 年间均呈下降趋势,仅在 2015 年有小幅增加。从六合区生态系统类型上分析可以看出,与其他区域不同的是,从 2000 年至 2010 年,六合区生态红线区域内林地的面积并没有较明显的增长,甚至还有所下降,而耕地面积持续下降,水域面积变化不明显,从而导致生态系统服务价值减少。生态红线区域表现最好的是高淳区,生态系统服务价值呈现持续增加趋势,主要得益于红线区域内林地和水域面积的不断增长。详见图 5-8。

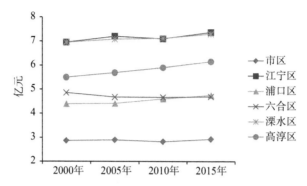

图 5-8　2000—2015 年南京市各区生态红线区域的生态系统服务价值变化趋势

从总的趋势来看,南京市生态红线区域内生态系统服务价值呈现缓慢增加的趋势,反映出生态红线区域的生态环境整体上在变好。

第六章
生态红线区域生态系统健康评价

6.1　生态系统健康评价方法

从生态系统的观点出发,一个健康的生态系统是稳定和可持续的,在时间上能够维持它的组织结构和自我调节,并能维持对胁迫的恢复能力(傅伯杰,2001)。健康的生态系统不仅在生态学意义上是健康的,而且有利于社会经济的发展,并能维持健康的人类群体(吴刚,1999)。国际生态系统健康学会将生态系统健康学定义为:研究生态系统管理的预防性的、诊断性的和预兆的特征,以及生态系统健康与人类健康之间关系的一门科学,其主要任务是研究生态系统健康的评价方法、生态系统健康与人类健康的关系、环境变化与人类健康的关系以及各种尺度生态系统健康的管理方法。

区域生态系统健康是指一定时空范围内,不同类型生态系统空间镶嵌而成的地域综合体在维持各生态系统自身健康的前提下,提供丰富的生态系统服务功能的稳定性和可持续性,即在时间上具有维持其空间结构与生态过程、自我调节与更新能力和对胁迫的恢复能力,并能保障生态系统服务功能的持续、良好供给(彭建,2007)。

生态系统健康评价是开展环境管理的基础工作,对于区域生态系统健康评价,一般包括活力、恢复力、组织3个基本方面。然而由于生态系统的复杂性,很难建立统一的指标体系来评价所有的生态系统。近年来,在区域生态系统健康评价方法上,许多学者在 Rapport 和 Costanza 关于生态系统健康指数的基础上,从活力、组织结构、恢复力、生态系统服务功能与人类活动干扰等方面开展生态系统健康评价。

活力即生产者的生长发育状况、群落盖度和初级生产力水平等,健康的生态系统是充满活力的,对区域生态系统来说,活力指的是生产功能,主要体现在经济子系统的物质生产力上;组织结构即生态系统组成及途径的多样性,区域生态系统组织结构包括经济结构、社会结构、生态结构;恢复力指在胁迫下维持与恢复生态系统组成、结构、功能稳定状况及物质、能量循环状况的能力;生态系统服务功能则需考虑不同生态系统空间邻接关系对其服务功能的影响;人类活动干扰则是影响生态系统健康发展的外部因素,其影响可能是多方面的(王薇,2006;彭建,2007)。

本书借鉴上述研究成果,从活力、组织结构、恢复力、生态系统服务功能与人类活动干扰等5个层面,构建生态红线区域的生态系统健康评价模型,选择评价指标体系。在指标选择上，充分考虑指标体系的完备性，并避免指标之间的重复。同时，以前文各章节的研究结果作为重点选取对象。

活力层面，选择净初级生产力和生物丰度 2 个指标；组织结构层面，选择植被覆盖度、景观多样性、景观优势度和景观破碎度 4 个指标；恢复力层面，选择生态弹性值作为生态系统的恢复力指标；生态系统服务功能层面，采用生态系统服务价值评价结果值作为生态系统服务功能指标；人类活动干扰层面，选择土地利用程度综合指数和生态红线区域空间协调度指数 2 个指标。详见表 6-1。

表 6-1　南京市生态红线区域生态系统健康评价指标

目标层	准则层	指标层
生态系统健康评价	活力	净初级生产力
		生物丰度
	组织结构	植被覆盖度
		景观多样性
		景观优势度
		景观破碎度
	恢复力	生态弹性值
	生态系统服务功能	生态系统服务价值
	人类活动干扰	土地利用程度综合指数
		生态红线区域空间协调度

在评价方法上，本书采用综合指数评价法评价生态红线区域的生态系统健康指数。评价模型为：

$$E = \sum_{i=1}^{n} Z_i \times W_i \qquad (6-1)$$

式中：E 为生态红线区域的生态系统健康指数；Z_i 为第 i 个评价指标归一化后的值；W_i 为第 i 个评价指标的权重。

6.2　评价指标及计算方法

6.2.1　活力

指标 1：净初级生产力（NPP）

净初级生产力（NPP）用于衡量植被的生产能力，主要反映生态系统结构功能的协调性。本书以广泛应用的 CASA 模型来估算南京市生态红线区域的 NPP，结果如图 6-1 所示。

图 6-1 2000—2015 年南京市生态红线区域净初级生产力

指标 2:生物丰度

生物丰度指的是不同生态系统类型单位面积生物物种数量上的差异。它间接地反映被评价区域内生物物种的丰贫程度。生物丰度指数计算公式为:

生物丰度指数$=A_{bio}\times(0.35\times$林地$+0.21\times$草地$+0.28\times$水域湿地$+0.11\times$耕地$+0.04\times$建设用地$+0.01\times$未利用地)/区域面积 　　(6-2)

指数权重如表 6-2 所示。

表 6-2　生物丰度指数权重表

	林地	草地	水域/湿地	耕地	建筑用地	未利用地
权重	0.35	0.21	0.28	0.11	0.04	0.01

其中,A_{bio}为生物丰度指数的归一化系数,采用南京市各区中生物丰度的最大值。计算结果如图 6-2 所示。

6.2.2　组织结构

指标 3:植被覆盖度

植被覆盖度指植被冠层的垂直面积与土地面积之比,是衡量地表植被状况的重要指标。本书采用遥感方法来估算区域的植被覆盖度,利用 *NDVI* 的像元二分模型计算植被覆盖度,结果如图 6-3 所示。

指标 4:景观多样性

景观多样性指的是由不同类型景观要素或生态系统构成的空间结构、功能机制和时间动态方面的多样化或变异性。景观多样性采用 Shannon-Wiener 指数进行计算,计算方法参见书中 3-6 公式,结果如图 6-4 所示。

指标 5:景观优势度

景观优势度用于测定景观多样性对最大多样性的偏离程度,或表示景观由几个主要景观类型控制的程度。景观优势度的计算方法参见书中 3-7 公式,结果如图 6-5 所示。

指标 6:景观破碎度

景观破碎度是指景观被分割的破碎程度。景观破碎度的计算方法参见书中 3-10 公式,结果如图 6-6 所示。

图 6-2　2000—2015 年南京市生态红线区域生物丰度

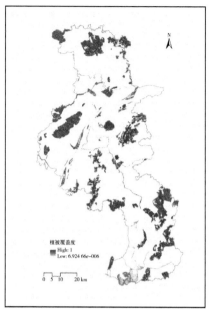

2000 年　　　　　　　　　　　　　　2005 年

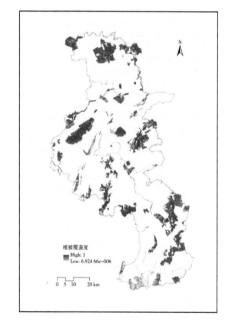

2010 年　　　　　　　　　　　　　　2015 年

图 6-3　2000—2015 年南京市生态红线区域植被覆盖度

图 6-4　2000—2015 年南京市生态红线区域景观多样性

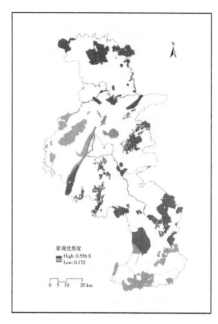

2000 年

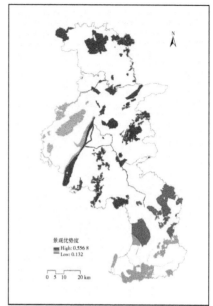

2005 年

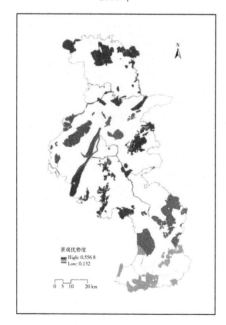

2010 年

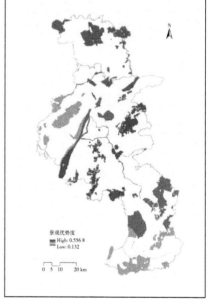

2015 年

图 6-5　2000—2015 年南京市生态红线区域景观优势度

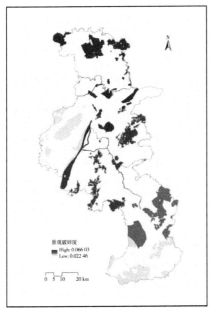

2000 年

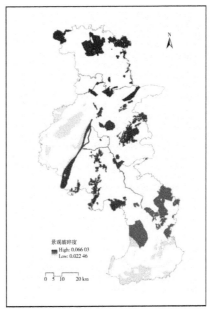

2005 年

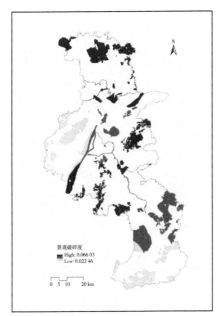

2010 年

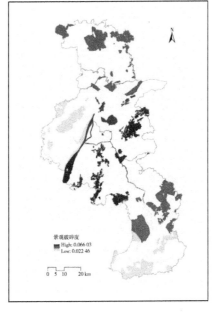

2015 年

图 6-6　2000—2015 年南京市生态红线区域景观破碎度

6.2.3 恢复力

指标 7:恢复力(生态弹性值)

恢复力是生态系统维持结构与格局的能力。即系统受外界干扰后,通过自身的恢复力、抗干扰力,保持系统稳定或者恢复原来的健康状况的能力。鉴于生态系统结构和过程的复杂性,其恢复力很难直接测量。本书借鉴相关研究,采用对不同土地覆盖/利用类型对生态恢复力的贡献和作用,分别赋以不同级别的生态弹性值,然后根据各类土地覆盖/利用类型,综合计算区域的生态系统恢复力。

生态弹性值计算公式如下:

$$F = \sum S_i \times R_i \tag{6-3}$$

式中:F 为生态系统弹性值;S_i 为第 i 种土地利用类型面积比例;R_i 为第 i 种土地利用类型的生态弹性值。生态恢复力越大,说明生态系统抗干扰能力越强,生态系统越健康。各土地利用类型的生态弹性值计算权重如表 6-3 所示。得到的 2000—2015 年南京市生态红线区域生态弹性值结果如图 6-7 所示。

表 6-3 生态弹性值计算权重

土地利用类型	林地	湿地	草地	耕地	建筑用地	其他土地
生态弹性值	0.9～1	0.9～1	0.7～0.8	0.5～0.6	0.3～0.4	0～0.2

2000 年

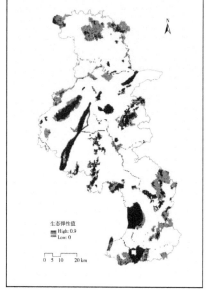

2005 年

2010 年　　　　　　　　　　　　　2015 年

图 6-7　2000—2015 年南京市生态红线区域生态弹性值

6.2.4　生态系统服务功能

指标 8：生态系统服务功能

生态系统服务功能指生态红线区域内生态系统所发挥的各类生态系统服务，包括调节气候、涵养水源、保持水土、防风固沙、净化空气、降解污染物、保护生物多样性等。采用单位土地面积提供的生态系统服务价值来衡量。生态红线区域的生态系统服务价值计算方法参见书中 5-1 公式，计算结果如图 6-8 所示。

6.2.5　人类活动干扰

指标 9：土地利用程度综合指数

土地利用程度综合指数反映出区域的景观特点和社会经济活动差异，能够间接反映出区域受到的人类活动影响大小。土地利用程度综合指数计算方法参见书中 3-5 公式，计算结果如图 6-9 所示。

指标 10：生态红线区域空间协调度

生态红线区域空间协调度是生态红线区域和建设用地空间分布状态的指数，反映出两者之间的互斥性和协调性，进而反映人类活动的干扰强度。生态红线区域空间协调度计算方法参见书中第四章内容,计算结果如图 6-10 所示。

2000 年   2005 年

2010 年   2015 年

图 6-8 2000—2015 年南京市生态红线区域生态系统服务价值

2000 年

2005 年

2010 年

2015 年

图 6-9　2000—2015 年南京市生态红线区域土地利用程度

2000 年　　　　　　　　　　　　　　　　　2005 年

2010 年　　　　　　　　　　　　　　　　　2015 年

图 6-10　2000—2015 年南京市生态红线区域空间协调度

6.3　权重的计算与评价等级划分

6.3.1　指标权重的计算

本书采用层次分析法(Analytic Hierarchy Process, AHP)计算南京市生态红线区域生态系统健康评价指标的权重。层次分析法是将与决策有关的元素分解成目标、准则、方案等层次,在此基础之上进行定性和定量分析的决策方法。

利用 yaahp 软件构建南京市生态红线区域生态系统健康评价模型,计算指标权重,并进行矩阵的一致性检验。在模型构建与计算过程中,将指标层中的生态弹性值与生态系统服务价值重新组合为恢复力与生态系统服务功能准则层,以满足软件对模型计算的要求。

计算过程、各级判断矩阵及排序结果如下:

1. O-*A* 判断矩阵及排序结果(表 6-4)

表 6-4　O-*A* 判断矩阵

O	*A*1	*A*2	*A*3	*A*4	W_i
*A*1	1.000 0	3.000 0	1.285 7	1.800 0	0.375 0
*A*2	0.222 2	1.000 0	0.428 6	0.600 0	0.125 0
*A*3	0.777 8	2.333 3	1.000 0	1.400 0	0.291 7
*A*4	0.555 6	1.666 7	0.714 3	1.000 0	0.208 3

$\lambda_{max} = 4.000\ 0, CR = 0.000\ 0 < 0.1$ 符合一致性。

其中,λ_{max} 为该判断矩阵的最大特征根,CR 为判断矩阵的一致性比例(下同)。

2. *A*1-*B* 判断矩阵及排序结果(表 6-5)

表 6-5　*A*1-*B* 判断矩阵

*A*1	*B*1	*B*2	W_i
*B*1	1.000 0	1.666 7	0.625 0
*B*2	0.600 0	1.000 0	0.375 0

$\lambda_{max} = 2.000\ 0, CR = 0.000\ 0 < 0.1$ 符合一致性。

3. *A*2-*B* 判断矩阵及排序结果(表 6-6)

表 6-6 A2-B 判断矩阵

A2	B3	B4	B5	B6	W_i
B3	1.000 0	2.333 3	7.000 0	1.400 0	0.450 5
B4	0.428 6	1.000 0	3.000 0	0.600 0	1.193 1
B5	0.149 2	0.333 3	1.000 0	0.333 3	0.073 1
B6	0.714 3	1.666 7	3.000 0	1.000 0	0.283 2

$\lambda_{max}=4.032\ 7,CR=0.012\ 3<0.1$ 符合一致性。

4. A3-B 判断矩阵及排序结果(表6-7)

表 6-7 A3-B 判断矩阵

A3	B7	B8	W_i
B7	1.000 0	1.000 0	0.500 0
B8	1.000 0	1.000 0	0.500 0

$\lambda_{max}=2.000\ 0,CR=0.000\ 0<0.1$ 符合一致性。

5. A4-B 判断矩阵及排序结果(表6-8、6-9)

表 6-8 A4-B 判断矩阵

A4	B9	B10	W_i
B9	1.000 0	0.714 3	0.416 7
B10	1.400 0	1.000 0	0.583 3

$\lambda_{max}=2.000\ 0,CR=0.000\ 0<0.1$ 符合一致性。

表 6-9 生态系统健康评价指标权重

准则层	权重	指标层	权重
活力	0.375 0	净初级生产力	0.234 4
		生物丰度	0.140 6
组织结构	0.125 0	植被覆盖度	0.053 6
		景观多样性	0.035 4
		景观优势度	0.009 1
		景观破碎度	0.024 1
恢复力	0.145 8	生态弹性值	0.145 8
生态系统服务功能	0.145 8	生态系统服务价值	0.145 8
人类活动干扰	0.208 3	土地利用程度综合指数	0.121 5
		生态红线区域空间协调度	0.086 8

6.3.2　生态系统健康等级划分

目前,在生态系统健康评价领域,学术界尚无统一的生态系统健康标准。对于单一指标的生态系统健康标准,一般根据某一生态系统状态、有关生态管理的建议值、各指标的极限值或最高(低)值等,确定生态系统健康标准,划分生态系统健康等级(赵卫,2011)。对于区域生态系统健康等级,一般分为5级。本书综合前人研究成果,并根据南京市生态红线区域实际,结合专家建议,给出如表6-10所示生态系统健康等级划分表。

表 6-10　生态系统健康评价等级

生态系统健康等级	分级标准	健康状态
Ⅰ	≥60	很健康
Ⅱ	[45—60)	健康
Ⅲ	[30—45)	亚健康
Ⅳ	[15—30)	不健康
Ⅴ	<15	病态

6.4　评价结果分析

6.4.1　基于栅格单元的评价结果分析

依据上述评价标准,对2000—2015年南京市生态红线区域的生态系统健康指数进行分级,结果显示:2000年、2005年、2010年、2015年南京市生态红线区域的生态系统健康指数平均值分别为53.245 5、53.897 7、53.367 8、54.795 5,这表明整个生态红线区域的生态系统健康指数处于健康等级,并且生态系统健康指数基本呈现不断上升的趋势。详见表6-11。

表 6-11　2000—2015 年南京市生态红线区域生态系统健康状态

时间		病态	不健康	亚健康	健康	很健康
2000 年	栅格数/个	16 788	125 907	450 239	533 955	584 822
	面积/km²	15.11	113.32	405.22	480.56	526.34
	比例/%	0.98	7.36	26.30	31.19	34.17

续表

时间		病态	不健康	亚健康	健康	很健康
2005 年	栅格数/个	11 182	178 727	407 896	534 344	579 696
	面积/km²	10.06	160.85	367.11	480.91	521.73
	比例/%	0.65	10.44	23.83	31.21	33.86
2010 年	栅格数/个	26 690	208 717	348 023	561 695	566 720
	面积/km²	24.02	187.85	313.22	505.53	510.05
	比例/%	1.56	12.19	20.33	32.81	33.11
2015 年	栅格数/个	17 799	174 853	362 896	530 296	626 001
	面积/km²	16.02	157.37	326.61	477.27	563.40
	比例/%	1.04	10.21	21.20	30.98	36.57

四个时期，健康以上等级的生态红线区域所占面积比例最大，分别为 65.36%、65.07%、65.92%、67.55%，其次是亚健康等级。生态系统健康指数为病态的面积最小，仅为总面积比例的 1% 左右，由此可以说明生态红线区域整体上的生态系统健康状态较好。病态等级的面积由 2000 年的 15.11 km² 增加至 2010 年 24.02 km²，同时，不健康等级面积由 2000 年的 113.32 km² 增加至 2005 年的 160.85 km²，到 2010 年已达到 187.85 km²，面积比例也相应从 2000 年的 7.36% 上升到 2005 年的 10.44%，再到 2010 年的 12.19%，虽然这两部分面积所占比例不大，但这些数据能够表明在这段时期南京市生态红线区域局部地区生态环境状况出现恶化。

2000—2005 年、2005—2010 年、2010—2015 年这三个时间段内，南京市生态红线区域生态系统健康指数变化幅度相对比较稳定，其变化平均值分别为 3.657，3.325，3.675，这与生态生态系统健康指数变化趋势吻合，说明 2000—2015 年南京市生态红线区域的生态系统健康整体上呈上升趋势（图 6-11）。此外，根据分析结果（表 6-12）可知：2000—2005 年间，南京市 40.62% 的生态红线区域的生态系统健康指数均出现不同程度的降低，36.58% 的生态系统健康指数轻微上升，生态系统健康指数的变化范围在 0～5 之间；2005—2010 年间，生态系统健康指数上升的地区仅占全市生态红线区域总面积的 41.83%，而生态系统健康指数下降的区域则有 896.14 km²；2010—2015 年间，生态系统健康指数下降的区域面积比例为 43.65%，其中下降幅度大于 5 的区域面积约为 226.79 km²，生态系统健康指数上升的区域面积所占比例为 56.35%，这说明生态红线区域部分地区生态系统健康指数略有降低，甚至部分区域出现较严重的环境恶化问题，但总体上生态红线区域的生态系统健康指数有所上升。

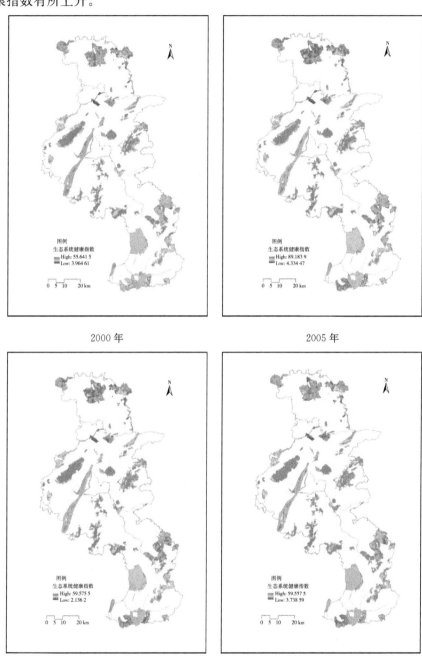

2000 年　　　　　　　　　　　　　　2005 年

2010 年　　　　　　　　　　　　　　2015 年

图 6-11　2000—2015 年南京市生态红线区域健康评价指数

表 6-12 2000—2015 年南京市生态红线区域生态系统健康指数变化情况

时间	数值	<-10	-10~-5	-5~0	0~5	5~10	≥10
2000—2005 年	栅格数/个	132 662	149 667	404 872	618 911	249 342	136 506
	面积/km²	119.40	134.70	364.39	557.02	224.41	122.86
	比例/%	7.84	8.85	23.93	36.58	14.74	8.07
2005—2010 年	栅格数/个	166 691	186 773	642 243	466 359	138 514	111 265
	面积/km²	150.02	168.10	578.02	419.72	124.66	100.14
	比例/%	9.74	10.91	37.52	27.24	8.09	6.50
2010—2015 年	栅格数/个	113 922	138 064	495 224	600 180	171 461	192 994
	面积/km²	102.53	124.26	445.70	540.16	154.32	173.70
	比例/%	6.65	8.07	28.93	35.06	10.02	11.27

6.4.2 基于行政单元的评价结果分析

对比各行政区生态红线区域的生态系统健康指数(图 6-12、图 6-13)可以发现:南京市各行政区生态红线区域的生态系统健康指数平均值在 38~66 数值区间内,各行政区的生态系统健康状况不同。评价结果显示:六合区生态红线区域的生态系统健康指数最低,2000 年、2005 年、2010 年和 2015 年生态系统健康指数平均值分别为 40.072 8、39.091 5、38.326 2、41.472 2;江宁区生态红线区域生态系统健康指数最高,四个年份依次为 62.541 1、65.294 6、63.171 4、64.005 7;市区和浦口区生态红线区域生态系统健康指数相对较高;溧水区和高淳区生态红线区域的生态系统健康指数则相对较低。根据各行政区评价结果,位于市区的生态红线区域虽然受到城市开发建设威胁的可能性较大,但这并不一定能够对生态红线区域内生态系统的健康产生更大的影响。因此,只要管控好开发建设和人类活动的负面影响,建立良好的生态红线区域保护机制,生态系统就能够得到更好的保护。

从时间变化上可见:2000—2015 年,除高淳区以外,其他各行政区生态红线区域的生态系统健康指数整体上是增加的,特别是浦口区增加的幅度较大,由 2000 年的 58.770 7 增长到 2015 年的 62.024 9。但也应看到,在这期间,各行政区生态红线区域的生态系统健康指数并不是稳步增加的,而是出现明显的波动,这也充分说明生态红线区域的生态环境状况并不稳固,很容易受到外部因素的干扰。

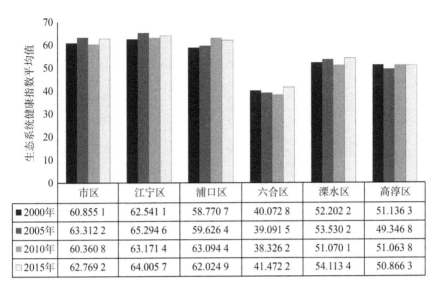

	市区	江宁区	浦口区	六合区	溧水区	高淳区
■ 2000年	60.855 1	62.541 1	58.770 7	40.072 8	52.202 2	51.136 3
■ 2005年	63.312 2	65.294 6	59.626 4	39.091 5	53.530 2	49.346 8
▦ 2010年	60.360 8	63.171 4	63.094 4	38.326 2	51.070 1	51.063 8
□ 2015年	62.769 2	64.005 7	62.024 9	41.472 2	54.113 4	50.866 3

图 6-12　2000—2015 年南京市各区生态红线区域生态系统健康指数

市区

江宁区

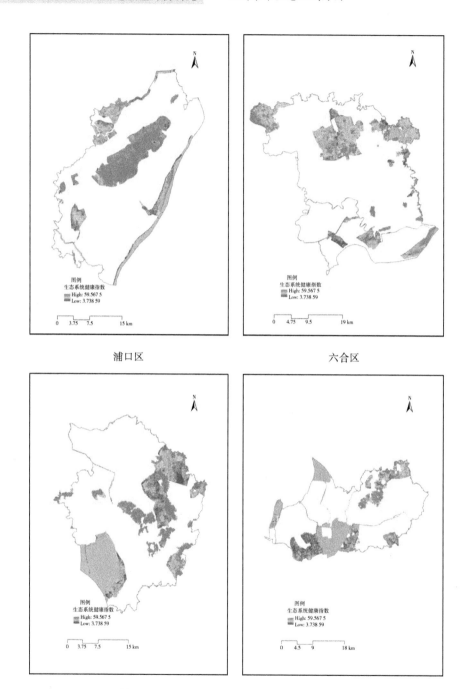

图 6-13　2015 年南京市各区生态红线区域健康指数

6.4.3　基于生态红线类型的评价结果分析

根据生态系统健康指数统计结果(表 6-13),2000—2015 年南京市各类型生态红线区域的生态系统健康指数良好,平均值 53.37,均达到了健康以上水平。特别是森林公园的生态系统健康指数最高,且呈现不断上升的趋势,2000 年到 2015 年的四期生态系统健康指数分别为 60.53、61.74、63.94、66.25,四个时期的平均值为 63.12,达到很健康的水平。南京市目前共有省级以上森林公园 11 个,总面积约 230 km^2。南京市森林公园里的森林覆盖率较高,近年来通过抚育更新、封山育林等一系列措施,树种结构不断优化,已逐步恢复了次生的常绿和落叶阔叶林,森林公园的生态环境越来越好。自然保护区自 2000 年以来生态系统健康指数均保持在 57.18～57.78 之间,变化不大,且十分稳定,表明自然保护区总体生态系统健康指数较高,生态环境较好,受到良好的保护,且人类活动干扰较小。饮用水水源保护区、重要水源涵养区、洪水调蓄区和清水通道维护区的指数虽然都达到健康水平,但是指数均不高。

按照 2015 年生态系统健康指数统计结果,南京市各类生态红线区域生态系统健康指数从大到小排序为:森林公园＞地质遗迹保护区＞自然保护区＞生态公益林＞重要渔业水域＞湿地公园＞重要湿地＞风景名胜区＞饮用水水源保护区＞重要水源涵养区＞清水通道维护区＞洪水调蓄区。从对生态红线区域类型的分析结果看,陆域生态系统特别是森林植被覆盖度较大的区域,生态系统健康指数表现较好。相反,生态系统类型为水域或含有水体较多的生态红线区域的生态系统健康指数表现相对差一些,充分反映出南京市水环境安全问题依然突出,特别是近年来由于城市化进程加快,城市规模的不断扩大,水环境安全问题越来越需要警惕。

从变化趋势(图 6-14)上看,12 种生态红线区域类型中,森林公园、饮用水水源保护区、重要水源涵养区、生态公益林、湿地公园、地质遗迹保护区、清水通道维护区、自然保护区、风景名胜区等 9 种生态红线区域的生态系统健康指数均呈现出不同程度的增长趋势,其中,森林公园呈现大幅增长,而自然保护区、风景名胜区增长并不明显。重要湿地、洪水调蓄区、重要渔业水域 3 种生态红线区域的生态系统健康指数呈现下滑趋势。从四个时期的变化看:2000 年到 2005 年,除自然保护区和重要渔业水域外,其他类型生态红线区域的生态系统健康指数都呈现增长趋势;但 2005 年到 2010 年间,情况发生较为明显的变化,多数生态红线区域的生态系统健康指数下降;而 2010 年到 2015 年间,情况再次发生转变,除洪水调蓄区外,其余类型生态红线区域的生态系统健康指数均增加。

表 6-13　2000—2015 年南京市不同类型生态红线区域生态系统健康指数

类型	2000 年	2005 年	2010 年	2015 年
重要湿地	54.608 6	54.830 9	53.374 9	53.386 6
饮用水水源保护区	49.876 1	50.556 5	49.530 6	51.583 6
湿地公园	54.161 4	54.671 0	55.140 5	56.347 8
生态公益林	55.102 1	57.298 0	56.554 5	57.358 7
森林公园	60.533 2	61.743 2	63.936 5	66.250 7
清水通道维护区	44.904 2	46.420 5	46.642 9	47.452 9
洪水调蓄区	46.992 3	48.562 2	48.573 9	46.337 5
自然保护区	57.452 0	57.181 6	57.430 8	57.779 3
风景名胜区	53.047 2	53.175 5	51.963 2	53.075 0
重要渔业水域	56.938 9	56.592 9	56.199 8	56.377 3
地质遗迹保护区	57.832 5	60.058 2	58.210 5	59.915 6
重要水源涵养区	49.040 3	49.369 5	48.170 1	50.981 9

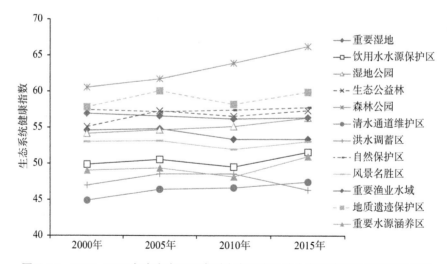

图 6-14　2000—2015 年南京市不同类型生态红线区域生态系统健康指数变化趋势

第七章

生态红线区域生态安全
应对措施

7.1　严格分级保护与分类管理

生态红线的保护属于绝对意义上的保护,这是由生态红线区域的不可替代性和不可复制性决定的。依据划定生态红线的目的和保护要求,生态红线区域应按照禁止开发区实施管控。要保护好生态红线区域,使其真正发挥应有的生态效益,必须建立基于生态系统管理、维护生态系统服务功能、提高生态产品供给能力的生态保护措施,以维护生态系统的完整性、生态过程的稳定性和生态功能的持续性。

7.1.1　严格实施分级保护

南京市生态红线区域实施分级保护与分类管理。分级保护体现的是针对不同红线区域生态功能的重要程度实施的保护,分为一级管控区和二级管控区。对于生态系统服务功能特别重要、生态环境特别敏感/脆弱的区域,以及珍稀物种的栖息地、自然保护区的核心区和缓冲区、风景名胜区和森林公园的核心景区等等,这些区域是生态红线区域中的核心区域,划为一级管控区。对于已建的各类保护地来说,一级管控区是相关法规中明确的核心区域,对于其他区域来说,是生态功能特别重要、生态环境特别敏感/脆弱的区域。生态红线区域的一级管控区实施最严厉的保护措施,严禁一切形式的开发建设活动。

除一级管控区外,生态红线区域中的其他区域为二级管控区。二级管控区的保护措施为:以生态保护为重点,实行差别化的管控措施,严禁有损主导生态功能的开发建设活动。

首先,以生态保护为重点:二级管控区也是生态红线区域的重要组成部分,是生态安全不可逾越的底线,是构成生态系统完整性不可或缺的部分。二级管控区与一级管控区共同维护生态红线区域生态系统的完整性、生态过程稳定性和生态功能的持续性。

其次,实行差别化的管控措施:虽然都是生态红线区域,但不同区域的生态系统构成、自然环境特征、生态系统功能、保护对象等存在差别,因此需要依据不同区域的特征制定相应的生态保护措施。对于已建的各类保护地,比如自然保护区、风景名胜区、森林公园、湿地公园、地质遗迹保护区、饮用水水源保护区、生态公益林等,严格按照相关法律法规制定的保护措施执行。

第三,严禁有损主导生态功能的开发建设活动:生态红线区域是生态安全的底线,这主要是因其发挥了巨大生态效益和服务功能,包括:水源涵养、水土保持、洪水调蓄、防风固沙、土壤维持、调节气候、降解污染物、生物多样性保护等。每个区域的生态系统往往具有多重生态功能,而在维护流域、区域生态安全和生态平衡,促进社会、经济持续健康发展方面发挥主导作用的生态功能即生态红线区域的主导生态功能。保护和维护主导生态功能不仅是划定生态红线区域的重要目标,更是维护区域生态安全的重要保障。

生态红线区域的一级管控区和二级管控区在本质上并没有区别,两者共同组成了区域生态安全的底线,区别只是保护的严格性不同。南京市生态红线分级管控区域如表7-1所示。

表7-1 南京市生态红线分级管控区域

序号	类型	一级管控区	二级管控区
1	自然保护区	自然保护区的核心区和缓冲区	自然保护区的实验区
2	风景名胜区	风景名胜区的核心景区	风景名胜区的其他区域
3	森林公园	森林公园的核心景区和生态保育区	森林公园的其他区域
4	地质遗迹保护区	具有极为罕见和重要科学价值的地质遗迹	地质遗迹保护区的其他区域
5	湿地公园	湿地公园的生态保育和恢复重建区	湿地公园的其他区域
6	饮用水水源保护区	饮用水水源保护区的一级保护区	饮用水水源保护区的二级保护区
7	洪水调蓄区	无	洪水调蓄区的全部区域
8	重要水源涵养区	重要水源涵养区内生态系统良好、生物多样性丰富、有直接汇水作用的林草地和重要水体	重要水源涵养区的其他区域
9	重要渔业水域	水产种质资源保护区的核心区	其他渔业水域
10	重要湿地	重要湿地内生态系统良好、野生生物繁殖区及栖息地等生物多样性富集区	重要湿地的其他区域
11	清水通道维护区	无	清水通道维护区的全部区域
12	生态公益林	国家级和省级生态公益林内的天然林	生态公益林的其他区域

7.1.2 按照类型实施管控

生态红线区域的一级管控区是保护最严格的区域,不论是哪种类型,保护要求都是一致的。一级管控区面积仅占南京市生态红线区域总面积的

27.31%,大部分区域为二级管控区。在生态红线区域的二级管控区内只要不损害生态系统的主导生态功能,可以实施生态保护与修复,适度发展生态产业,开展生态旅游等活动。在生态红线二级管控区区域内,在不违反负面清单等管控要求的前提下,开展开发建设活动,都需要进行预先研究,编制生态影响专题报告,以确保不损害生态红线区域的主导生态功能,不影响区域的生态安全。由于生态红线区域的类型不同,其主导生态功能也各不相同,这就要求针对不同类型的生态红线区域制定不同的管控措施。

对于不同类型的生态红线区域,都有相应的法律法规及保护要求。因此,对于生态红线区域的二级管控区,应严格遵守相关法规和保护要求。南京市生态红线区域分类管控措施如表7-2所示。

表7-2　南京市生态红线区域分类管控措施

序号	类型	主导生态功能	分类管控措施	法规依据
1	自然保护区	生物多样性保护	一级管控区内严禁一切形式的开发建设活动。二级管控区内禁止砍伐、放牧、狩猎、捕捞、采药、开垦、烧荒、开矿、采石、捞沙等活动(法律、行政法规另有规定的从其规定);严禁开设与自然保护区保护方向不一致的参观、旅游项目;不得建设污染环境、破坏资源或者景观的生产设施;建设其他项目,其污染物排放不得超过国家和地方规定的污染物排放标准;已经建成的设施,其污染物排放超过国家和地方规定的排放标准的,应当限期治理;造成损害的,必须采取补救措施	《中华人民共和国自然保护区条例》
2	风景名胜区	自然与人文景观保护	一级管控区内严禁一切形式的开发建设活动。二级管控区内禁止开山、采石、开矿、开荒、修坟立碑等破坏景观、植被和地形地貌的活动;禁止修建储存爆炸性、易燃性、放射性、毒害性、腐蚀性物品的设施;禁止在景物或者设施上刻划、涂污;禁止乱扔垃圾;不得建设破坏景观、污染环境、妨碍游览的设施;在珍贵景物周围和重要景点上,除必须的保护设施外,不得增建其他工程设施;风景名胜区内已建的设施,由当地人民政府进行清理,区别情况,分别对待;凡属污染环境,破坏景观和自然风貌,严重妨碍游览活动的,应当限期治理或者逐步迁出;迁出前,不得扩建、新建设施	《风景名胜区条例》
3	森林公园	自然与人文景观保护	一级管控区内严禁一切形式的开发建设活动。二级管控区内禁止毁林开垦和毁林采石、采砂、采土以及其他毁林行为;采伐森林公园的林木,必须遵守有关林业法规、经营方案和技术规程的规定;森林公园的设施和景点建设,必须按照总体规划设计进行;在珍贵景物、重要景点和核心景区,除必要的保护和附属设施外,不得建设宾馆、招待所、疗养院和其他工程设施	《森林公园管理办法》

序号	类型	主导生态功能	分类管控措施	法规依据
4	地质遗迹保护区	自然与人文景观保护	一级管控区内严禁一切形式的开发建设活动。二级管控区内禁止下列行为：在保护区内及可能对地质遗迹造成影响的一定范围内进行采石、取土、开矿、放牧、砍伐以及其他对保护对象有损害的活动；未经管理机构批准，在保护区范围内采集标本和化石；在保护区内修建与地质遗迹保护无关的厂房或其他建筑设施。对已建成并可能对地质遗迹造成污染或破坏的设施，应限期治理或停业外迁	《地质遗迹保护管理规定》
5	湿地公园	自然与人文景观保护	一级管控区内严禁一切形式的开发建设活动。二级管控区内除国家另有规定外，禁止下列行为：开(围)垦湿地、开矿、采石、取土、修坟以及生产性放牧等；从事房地产、度假村、高尔夫球场等任何不符合主体功能定位的建设项目和开发活动；商品性采伐林木；猎捕鸟类和捡拾鸟卵等行为	《国家湿地公园管理办法》《城市湿地公园管理办法》《江苏省湿地名录管理办法(暂行)》
6	饮用水水源保护区	水源水质保护	一级管控区内严禁一切形式的开发建设活动。二级管控区内禁止下列行为：新建、扩建排放含持久性有机污染物和含汞、镉、铅、砷、硫、铬、氰化物等污染物的建设项目；新建、扩建化学制浆造纸、制革、电镀、印制线路板、印染、染料、炼油、炼焦、农药、石棉、水泥、玻璃、冶炼等建设项目；排放省人民政府公布的有机毒物控制名录中确定的污染物；建设高尔夫球场、废物回收(加工)场和有毒有害物品仓库、堆栈，或者设置煤场、灰场、垃圾填埋场；新建、扩建对水体污染严重的其他建设项目，或者从事法律、法规禁止的其他活动；设置排污口；从事危险化学品装卸作业或者煤炭、矿砂、水泥等散货装卸作业；设置水上餐饮、娱乐设施(场所)，从事船舶、机动车等修造、拆解作业，或者在水域内采砂、取土；围垦河道和滩地，从事围网、网箱养殖，或者设置集中式畜禽饲养场、屠宰场；新建、改建、扩建排放污染物的其他建设项目，或者从事法律、法规禁止的其他活动。在饮用水源二级保护区内从事旅游等经营活动的，应当采取措施防止污染饮用水水体	《饮用水水源保护区污染防治管理规定》
7	洪水调蓄区	洪水调蓄	洪水调蓄区内禁止建设妨碍行洪的建筑物、构筑物，倾倒垃圾、渣土，从事影响河势稳定、危害河岸堤防安全和其他妨碍河道行洪的活动；禁止在行洪河道内种植阻碍行洪的林木和高秆作物；在船舶航行可能危及堤岸安全的河段，应当限定航速	《中华人民共和国防洪法》《全国蓄滞洪区建设与管理规划》
8	重要水源涵养区	水源涵养	一级管控区内严禁一切形式的开发建设活动。二级管控区内禁止新建有损涵养水源功能和污染水体的项目；未经许可，不得进行露天采矿、筑坟、建墓地、开垦、采石、挖砂和取土活动；已有的企业和建设项目，必须符合有关规定，不得对生态环境造成破坏	《中华人民共和国森林法》

续表

序号	类型	主导生态功能	分类管控措施	法规依据
9	重要渔业水域	渔业资源保护	一级管控区内严禁一切形式的开发建设活动。二级管控区内禁止使用严重杀伤渔业资源的渔具和捕捞方法捕捞;禁止在行洪、排涝、送水河道和渠道内设置影响行水的渔簖、渔箔等捕鱼设施;禁止在航道内设置碍航渔具;因水工建设、疏航、勘探、兴建锚地、爆破、排污、倾废等行为对渔业资源造成损失的,应当予以赔偿,对渔业生态环境造成损害的,应当采取补救措施,并依法予以补偿,对依法从事渔业生产的单位或者个人造成损失的,应当承担赔偿责任	《中华人民共和国渔业法》《水产种质资源保护区管理暂行办法》《江苏省渔业管理条例》
10	重要湿地	湿地生态系统保护	一级管控区内严禁一切形式的开发建设活动。二级管控区内除法律法规有特别规定外,禁止从事下列活动:开(围)垦湿地,放牧、捕捞;填埋、排干湿地或者擅自改变湿地用途;取用或者截断湿地水源;挖砂、取土、采矿;排放生活污水、工业废水;破坏野生动物栖息地、鱼类洄游通道,采挖野生植物或者猎捕野生动物;引进外来物种;其他破坏湿地及其生态功能的活动	《江苏省湿地名录管理办法(暂行)》
11	清水通道维护区	水源水质保护	清水通道维护区禁止以下行为:排放污水、倾倒工业废渣、垃圾、粪便及其他废弃物;从事网箱、网围渔业养殖;使用不符合国家规定防污条件的运载工具;新建、扩建可能污染水环境的设施和项目,已建成的设施和项目,其污染物排放超过国家和地方规定排放标准的,应当限期治理或搬迁	《中华人民共和国水污染防治法》
12	生态公益林	水土保持	一级管控区内严禁一切形式的开发建设活动。二级管控区内禁止从事下列活动:砍柴、采脂和狩猎;挖砂、取土和开山采石;野外用火;修建坟墓;排放污染物和堆放固体废物;其他破坏生态公益林资源的行为	《国家级公益林管理办法》《江苏省生态公益林条例》

7.2 制定生态红线区域补偿办法

生态红线区域是强制性保护的区域,严格禁止或限制各类开发建设活动。要保障生态红线区域功能不降低、面积不减少、性质不改变,防止不合理开发建设活动对生态红线区域的破坏,禁止有损生态主导功能的开发建设活动。对于做出保护贡献以及产业退出的地区和群众等,必须通过实施生态补偿的方式给与一定的经济补偿。生态补偿应按照"谁保护、谁受偿,谁修复、谁受益"的思路,面向全市红线区域内为保护做出贡献、生产受到限制的地区和群众,树立"生态产品有价"的理念,建立完善生态补偿机制,增强生态红线区域地方政府基本公共服务保障能力。

7.2.1 生态补偿的标准

生态补偿最关键的问题是生态补偿标准的制定。补偿标准关系到补偿的效果和可行性,其研究内容包括标准上下限、补偿等级划分、等级幅度选择、补偿期限选择、补偿空间分配等。生态补偿标准的确定通常有以下三种方法:

一是基于生态系统服务价值评估确定补偿标准。其前提是重要生态功能区关键服务功能的认定和评估,并具有较为完善的市场机制。这种方法有助于真正建立一种生态保护与建设的激励机制,但由于目前在生态系统服务评估中存在着很大的不确定性等因素,生态系统服务价值评估得到的结果数值巨大,难以直接作为补偿依据,用这种方法所得的结果一般可以作为理论上限(闵庆文,2006;杨光梅,2007)。

二是根据机会成本和保护成本确定补偿标准。从目前的研究看,根据机会成本和保护成本来确定补偿标准操作性较强,但缺点是这种方法没有考虑生态服务的价值、环境效益等因素,受人为因素的影响较大。根据成本法计算出的生态补偿标准明显低于通过生态系统服务价值评估得到的数值,因此,成本法所得的结果一般可作为补偿标准的下限。

三是基于支付意愿或受偿意愿确定补偿标准。条件价值评估法是生态与环境经济学中最重要和应用最广泛的关于公共物品价值评估的方法,通过直接询问居民的支付意愿和受偿意愿,确定生态补偿标准。该方法确定的补偿标准体现了"公众参与"的思想,有助于提高居民恢复和保护生态环境的积极性和主动性。

生态补偿标准是生态效益、社会接受性、经济可行性的协调与统一(赖力,2008)。就现实情况来看,生态补偿的标准更需要补偿主体双方达成一致。目前生态补偿更多体现的是"讨价还价"机制,是补偿双方博弈的结果(李镜,2008;王金南,2006)。因此,南京市生态红线区域生态补偿应在明确总体补偿金额的前提下,综合考虑不同类型生态红线区域、管控级别、面积等因素,确定生态红线区域的补偿标准。生态补偿标准计算如下:

生态补偿资金=∑[生态红线区域面积×生态红线区域权重系数×单位面积补助金额×保护级别系数]

其中,生态红线区域权重系数可以根据不同生态系统服务功能价值结合德尔菲法和层次分析法计算得到。

同时,要制定生态红线区域生态补偿考核和奖惩办法。对生态红线区域生态环境质量显著改善的区域提高生态补偿额度,对生态环境质量下降的区域扣减补偿金额。通过考核和奖惩机制促进生态红线区域的保护,加强对生态补偿资金使用和权责落实的监督管理。

7.2.2　生态补偿资金用途

生态补偿资金应实施专款专用,重点用于对生态红线区域内生态系统的保护和修复,提高生态系统服务功能,提高生态产品供给能力。同时,在资金充裕的情况下,为补偿发展受到限制的区域,也可用于以下几个方面:受保护地区的环境基础设施建设;资助因保护需要转产、搬迁、移民的农户发展生产,增加收入,提供必要的社会保障;资助因保护发展受到限制、生活困难的农户,提高收入水平;增加村级集体经济收入;补偿因经营活动、经营利用受限和经济效益降低的损失等。

生态补偿应整合现有政策、法规,增强政策的针对性与时效性,逐步建立生态红线区域内基于主体功能定位的综合补偿机制,加大生态红线区域环境评估在生态补偿资金核算中的主导作用,确保生态红线区域的生态功能不断提高。生态红线区域保护所带来的生态效益具有长期性和隐蔽性,政府要强化其在补偿实施中的主体地位,为达到预期目标和效果,可建立生态补偿专项资金定期评估机制,加强政府和社会监督,确保生态补偿资金落到实处,提高资金使用效率。

7.3　加强生态系统服务功能保护

7.3.1　开展生态保护与修复

生态系统服务功能不降低是生态安全得到保障的重要基础,对于生态系统良好地区,以严格保护和自然封育为主,确保生态系统不受人为的干扰,保障生态系统的完整性和生态系统平衡;对于生态系统受损地区,应加强生态系统修复,尽可能以自然修复为主,辅以人工修复。应坚持尊重自然、顺应自然、保护自然的思路,按照生态系统的整体性、系统性以及内在规律,统筹结合山水林田湖草沙系统治理,开展生态保护与修复。

因生态系统类型、自然环境条件、生态环境问题的不同,每个生态红线区域的主导生态功能均有差异,应围绕主导生态功能的提升开展生态保护与修复。强化对自然保护区重点保护对象的保护;加强对森林公园、生态公益林、重要水源涵养区等生态红线区域森林资源的保护;加大对饮用水水源地、清水通道维护区、重要渔业水域等生态红线区域水生态环境的保护;加强对重要湿地、湿地公园等生态红线区域湿地生态系统的保护;加强对风景名胜区、地质公园等生态红线区域自然和人文景观的维护;加大对洪水调蓄区蓄滞洪功能和生态环境的改善和提高。针对生态红线区域内及周边存在的破碎斑块,相关部门可通过建设生态廊道,提升生态孤岛的生境,维护生态红线区域的生态安全。

根据生态红线区域与建设用地空间的协调性分析和生态系统健康评价结果,部分禁止开发区内存在保护与开发不协调、不符合管控要求的现象,甚至严重影响生态系统健康和生态安全。为此,要针对不同类型生态红线区域的主导生态功能,对生态破坏的区域实施生态修复治理。对于风景名胜区、森林公园等承担旅游观光功能的生态红线区域,按照核心景区和不同功能区的要求,做好生态保护和修复规划,强化对生态功能和资源的有效保护和合理利用。

7.3.2 制定产业退出政策

保持生态系统的完整性和连续性是确保生态红线区域得到有效保护的前提,在划定生态红线区域时,部分现状耕地和建设用地等也被划入生态红线区域。根据统计,目前南京市生态红线区域内耕地面积达 456.96 km^2,各类建设用地面积达 118 km^2,占据较大比重,这也是造成生态红线区域与建设用地空间不协调,生态系统受到人类活动干扰大,危及部分区域生态安全的重要因素。从生态安全的长远角度来看,应将生态红线区域内对生态红线区域的主导生态功能影响较大的的耕地、采矿、建设用地等逐步退出。为此,要针对这一问题出台生态红线区域产业退出政策,制定退出计划,明确生态补偿办法和产业退出后的生态修复措施。

同时,针对不同类型生态红线区域的科学评估资源禀赋、环境容量和生态状况,建立环境准入制度,明确禁止建设和限制建设的空间区域及行业,对开发建设活动设置准入门槛,细化不同分区的产业准入门类,从源头严防,建立科学合理、切实可行的产业准入环境负面清单,禁止或限制在开发建设活动中破坏自然资源与生态环境。负面清单主要依据不同生态红线区域主导生态功能类型,分区管控,分类制定,增强针对性和可操作性。

7.4　建立生态安全预警体系

7.4.1　建立管理信息数据库

以"多规合一"为基础,充分利用高分辨率遥感影像、土地利用数据和空间规划信息,构建生态红线区域数据库,为生态红线区域监管、执法和评估提供重要的基础平台。数据库内容主要包括生态红线区域自然环境本底数据、基础地理信息和遥感数据、生态系统和生物多样性状况、社会经济状况、人类活动干扰信息等,为生态红线区域监控、决策、考核评估等提供数据信息。

7.4.2　建立生态安全预警体系

生态红线区域是最为关键的保护区域,其生态环境状况直接关系到区域生态安全。应及时开展生态环境本库调查,掌握区内生态系统类型及分布、生物多样性和珍稀物种资源、生态环境质量状况等。同时建立生态环境监测体系,包括生态系统监测和环境质量监测,对生态保护红线区域的生态系统组成、质量、功能等进行动态监测。生态环境监测主要包括典型生境代表指示生物的多样性监测和主要理化指标的累年实时监测。可利用环境遥感卫星开展区域监测以及通过地面监测站点、流动监测车辆实现实时监测等,及时掌握生态红线区域生态环境状况发展演变趋势,为开展生态红线区域动态评估,实现有效监管奠定基础。

综合运用遥感技术、地理信息系统和生态监测技术,整合现有生态环境监测平台和大数据基础,建设和完善"天地一体化"的生态红线区域监测预警网络体系,兼有生态风险监测、安全预警与突发事件处理等功能的监管平台,对生态红线区域进行全天候监控。

参考文献

［ 1 ］BALMFORD A,BRUNER A,COOPER P,et al. Economic reasons for conserving wild nature［J］. Science,2002,297:950-953.

［ 2 ］BENFIELD FK,TERRIS J, VORSANGER N. Solving sprawl:Models of smart growth in communities across America［M］. Natural Resources Defense Council, 2001:137-138.

［ 3 ］CHRISTENSEN N L,BARTUSKA A M, BROWN J H,et al. The report of the ecological society of America committee on the scientific basis for ecosystem management［J］. Ecological Applications,1996,6:665-691.

［ 4 ］COSTANZA R. Ecosystem health and ecological engineering［J］. Ecological Engineering, 2012,45:24-29.

［ 5 ］COSTANZA R,STERN D, FISHER B, et al. Influential publications in ecological economics:a citation analysis［J］. Ecological Economics,2004,50:261-292.

［ 6 ］COSTANZA R,D'ARGE R, DE GROOT R, et al. The value of the world's ecosystem services and natural capital［J］. Nature,1997,387:253-260.

［ 7 ］DAILY G C, SÖDERQVIST T, ANIYAR S, et al. The value of nature and the nature of value［J］. Science,2000,289(5478):395-396.

［ 8 ］DEARDEN P, BENNETT M, JOHNSTON J. Trends in global protected area governance,1992—2002［J］. Environmental Management, 2005,36:89-100.

［ 9 ］EKINS P. The Kuznets curve for the environment and economic growth:examining the evidence［J］. Environment and Planning. 1997,29:805-830.

［10］GALLI A,WEINZETTEL J, CRANSTON G, et al. A footprint family extended MRIO model to support Europe's transition to a one planet economy［J］. Science of the Total Environment,2013,461-462:813-818.

［11］HEAL G. Valuing ecosystem services［J］. Ecosystems,2000,3:24-30.

［12］GERVEN T V,BLOCK C,CORNELIS G,et al. Environmental response indicators for the industrial and energy sector in Flanders［J］. Journal of Cleaner Production,

2007,15(10):886-894.

[13] PA SAKARNIS G,MALIENE V. Towards sustainable rural development in Central and Eastern Europe:Applying land consolidation[J]. Land Use Policy,2010,27:545-549.

[14] GUO X R, YANG J R, MAO X. Primary studies on urban ecosystem health assessment[J]. China Environmental Science,2002,22(6):525-529.

[15] HAEGERSTRAND H. Aspeker der Raeumlichen Struktur von Sozialen Kommunikationsnetzen und der Informationsauabreitung, Kiepenheuer[M]. Berlin: Witsch,1970.

[16] HAEUBER R,FRANKLIN J. Perspectives on ecosystem management[J]. Ecological Applications,1996,6:692-693.

[17] HANNAH L, MIDGLEY G, ANDELMAN S, et al. Protected area needs in a changing climate[J]. Frontiers in Ecology and the Environment,2007,5:131-138.

[18] HANSEN A J, DEFRIES R. Ecological mechanisms linking protected areas to surrounding lands[J]. Ecological Applications,2007,17:974-988.

[19] HALLETT C S,VALESINI F J,CLARKE K R,et al. Development and validation of fish-based, multimetric indices for assessing the ecological health of Western Australian estuaries[J]. Estuarine,Coastal and Shelf Science,2012,104-105:102-113.

[20] HERRMANN S, DABBERT S, RAUMER S V. Threshold values for nature protection areas as indicators for bio-diversity—a regional evaluation of economic and ecological consequences[J]. Agriculture, Ecosystems & Environment,2003,98(1-3):493-506.

[21] HOMER-DIXON T F,BOUTWELL J H,RATHJENS G W. Environmental change and violent conflict[J]. Scientific American,1993,268(2):38-45.

[22] BARNETT J. Security and climate change[J]. Global Environmental Change,2003, 13(1):7-17.

[23] KARR J R. Assessing biological integrity in running waters:a method and its rationale[M]. Champaign:Illinois Natural History Survey Special Publication,1986.

[24] KRABBENHOFT D P, SUNDERLAND E M. Global change and mercury[J]. Science,2013,341(6153):1457-1458.

[25] BROWN L R. Building a society of sustainable development[M]. Beijing:Scientific and Technological Literature Press,1984.

[26] LEVERINGTON F,COSTA K L,PAVESE H,et al. A global analysis of protected area management effectiveness[J]. Environmental Management,2010,46:685-698.

［27］LIU J,CHEN J M,CIHLAR J,et al. Net primary productivity distribution in the BOREAS region from a process model using satellite and surface data［J］. Journal of Geophysical Research：Atmospheres,1999,104(D22)：27735-27754.

［28］MEA（MILLENNIUM ECOSYSTEM ASSESSMENT）. Ecosystem and Human Well-Being［M］. Washington, D. C：Island press,2005.

［29］MARGULES C R,PRESSEY R L. Systematic conservation planning［J］. Nature, 2000,405：243-253.

［30］MEYER J L. Stream health：Incorporating the human dimension to advance stream ecology［J］. Journal of the North American Benthological Society,1997,16(2)：439-447.

［31］MYERS N,MITTERMEIER R A,MITTERMEIER C G,et al. Biodiversity hotspots for conservation priorities［J］. Nature,2000,403：853-858.

［32］NAGENDRA H,LUCAS R,HONRADO J P, et al. Remote sensing for conservation monitoring：Assessing protected areas, habitat extent, habitat condition, species diversity,and threats［J］. Ecological Indicators,2013,33：45-59.

［33］NEACE M B. Sustainable development in the 21st century：Making sustainability operational［A］. In：Brebbia CA, eds. Ecosystems and sustainable development Ⅱ. Proceedings of the International Conference［C］. Lemnos：WIT Press,1999,175-184.

［34］NELSON A,CHOMITZ K M. Effectiveness of strict vs. multiple use protected areas in reducing tropical forest fires：a global analysis using matching methods［EB/OL］. PLoS ONE,2011,6：e22722. https：//doi. org/10. 1371/journal. pone. 0022722.

［35］NIEMEIJER D,DE GROOT R S. Framing environmental indicators：moving from causal chains to causal networks［J］. Environment,Development and Sustainability, 2008,10(1)：89-106.

［36］PASCHE M. Technical progress,structural change,and the environmental Kuznets curve［J］. Ecological Economics,2002,42：381-389.

［37］PEREIRA L,ORTEGA E. A modified footprint method：The case study of Brazil ［J］. Ecological indicators,2012,16：113-127.

［38］POTTER C S, RANDERSON J T, FIELD C B, et al. Terrestrial ecosystem production：A process model based on global satellite and surface data［J］. Global Biogeochemical Cycles,1993,7(4)：811-841.

［39］RAPPORT D J,BöHM G,BUCKINGHAM D,et al. Ecosystem health：The concept, the ISEH,and the important tasks ahead［J］. Ecosystem Health,2001,5(2)：82-90.

［40］RAPPORT D J,GAUDET C L,CALOW P. Evaluating and monitoring the health of large-scale ecosystems［M］. Heidelberg：Springer,1995.

［41］ RAPPORT D J. Ecosystem health［M］. Malden：Blackwell Science，1998.

［42］ RAPPORT D J. Evolution of Indicators of Ecosystem Health［M］//MCKENZIE D，HYATT D E，MCDONALD V J. Ecological Indicators. Boston：Springer US，1992：121-134.

［43］ RAPPORT D J. What Constitutes Ecosystem Health？［J］. Perspectives in Biology and Medicine，1989，33(1)：120-132.

［44］ REN H，WU J，PENG S. Evaluation and monitoring of ecosystem health［J］. Tropical Geography，2000，20(4)：310-316.

［45］ RODRIGUES A S L，ANDELMAN S J，BAKARR M I，et al. Effectiveness of the global protected area network in representing species diversity［J］. Nature，2004，428：640-643.

［46］ RONDINI C，PRESSEY R L. Special section：Systematic conservation planning in European landscape：Conflicts，environmental changes，and the challenge of countdown 2010［J］. Conservation Biology，2007，21：1404-1405.

［47］ ROUSE J W，HAAS R H，SCHELL J A，et al. Monitoring vegetation systems in the great plains with ERTS［J］. NASA Special Publication，1974，351(1)：309-317.

［48］ SCHAEFFER D J，HERRICKS E E，KERSTER H W. Ecosystem health：I. Measuring ecosystem health［J］. Environmental Management，1988，12(4)：445-455.

［49］ SCHMIDHUBER J，TUBIELLO F N. Global food security under climate change［J］. Proceedings of the National Academy of Sciences. 2007，104(50)：19703-19708.

［50］ SERAFY S E. Pricing the invaluable：the value of the world's ecosystem services and natural capital［J］. Ecological Economics，1998，25：25-27.

［51］ BÄCHLER G，SPILLMAN N K R. Environmental crisis：Regional conflicts and ways of cooperation［J］. Environment and Conflicts Project Senies，1995，14(1)：381-400.

［52］ SUDING K，HIGGS E，PALMER M，et al. Committing to ecological restoration［J］. Science，2015，348(6235)：638-640.

［53］ SVARSTAD H，PETERSEN L K，ROTHMAN D，et al. Discursive biases of the environmental research framework DPSIR［J］. Land Use Policy，2008，25(1)：116-125.

［54］ WU J，PLANTINGA A J. The influence of public open space on urban spatial structure［J］. Journal of Environmental Economics and Management，2003，46(2)：288-309.

［55］ ZHOU W，GANG C，ZHOU L，et al. Dynamic of grassland vegetation degradation and its quantitative assessment in the northwest China［J］. Acta Oecologica，2014，55

(2):86-96.

［56］ZHOU W,LI J L,MU S J,et al. Effects of ecological restoration-induced land-use change and improved management on grassland net primary productivity in the Shiyanghe River Basin,north-west China[J]. Grass and Forage Science,2014,69(4): 596-610.

［57］蔡俊煌. 国内外生态安全研究进程与展望——基于国家总体安全观与生态文明建设背景[J]. 中共福建省委党校学报,2015(2):104-110.

［58］曾德慧,姜凤岐,范志平,等. 生态系统健康与人类可持续发展[J]. 应用生态学报, 1999,10(6):751-756.

［59］曾晓舵,丁常荣,郑习健. 生态系统健康评价及其问题[J]. 生态环境学报,2004,13 (2):287-289.

［60］陈诚,陈雯,吕卫国. 江苏省生态保护与建设空间分布耦合状态评价[J]. 湖泊科学, 2009,21(5):725-731.

［61］陈广洲,李鑫海,焦利锋,等. 2000—2012年淮南煤矿区植被净初级生产力的时空变化特征[J]. 生态环境学报,2017,26(2):196-203.

［62］陈利顶,傅伯杰. 黄河三角洲地区人类活动对景观结构的影响分析——以山东省东营市为例[J]. 生态学报,1996,16(4):337-344.

［63］陈柳钦. 关注和维护我国生态安全[J]. 节能与环保,2002(9):26-29.

［64］陈文波,肖笃宁,李秀珍. 景观指数分类、应用及构建研究[J]. 应用生态学报,2002, 13(1):121-125.

［65］陈星,周成虎. 生态安全:国内外研究综述[J]. 地理科学进展,2005,24(6):8-20.

［66］陈阳,张建军,杜国明,等. 三江平原北部生态系统服务价值的时空演变[J]. 生态学报,2015,35(18):6157-6164.

［67］陈兆开,施国庆,毛春梅,等. 西部流域源头生态补偿问题研究[J]. 软科学,2007,21 (6):90-93.

［68］崔胜辉,洪华生,黄云凤,等. 生态安全研究进展[J]. 生态学报,2005,25(4):861- 868.

［69］范边,马克明. 全球陆地保护地60年增长情况分析和趋势预测[J]. 生物多样性, 2015,23(4):507-518.

［70］范小彬,张强,刘煜杰. 生态红线管控绩效考核技术方案及制度保障研究[J]. 中国环境管理,2014,6(4):18-23.

［71］方庆,董增川,刘晨,等. 基于景观格局的区域生态系统健康评价——以滦河流域行政区为例[J]. 南水北调与水利科技,2012,10(6):37-41.

［72］傅伯杰,刘世梁,马克明. 生态系统综合评价的内容与方法[J]. 生态学报,2001,21 (11):1885-1892.

[73] 傅伯杰,陈利顶,马克明,等.景观生态学原理及应用[M].北京:科学出版社,2001.

[74] 傅伯杰,周国逸,白永飞,等.中国主要陆地生态系统服务功能与生态安全[J].地球科学进展,2009,24(6):571-576.

[75] 高吉喜,徐德琳,乔青,等.自然生态空间格局构建与规划理论研究[J].生态学报,2020,40(3):749-755.

[76] 高吉喜,邹长新,郑好.推进生态保护红线落地保障生态文明制度建设[J].环境保护,2015,43(11):26-29.

[77] 高吉喜.国家生态保护红线体系建设构想[J].环境保护,2014,42(Z1):18-21

[78] 高吉喜.生态保护红线的划定与监管[J].中国建设信息化,2014(5):52-55.

[79] 高吉喜.探索我国生态保护红线划定与监管[J].生物多样性,2015,23(6):705-707.

[80] 高彤,杨姝影.国际生态补偿政策对中国的借鉴意义[J].环境保护.2006(19):71-76.

[81] 郭旭东,邱扬,连刚,等.基于"压力-状态-响应"框架的县级土地质量评价指标研究[J].地理科学,2005,25(5):579-583.

[82] 国家发改委宏观经济研究院"宏观经济政策动态跟踪"课题组.宏观经济政策动态跟踪(2006年)——对生态安全的全面解读[J].经济研究参考,2007(13):51-60.

[83] 贺培育,杨畅.中国生态安全报告:预警与风险化解[M].北京:红旗出版社,2009.

[84] 洪尚群,马丕京,郭慧光.生态补偿制度的探索[J].环境科学与技术,2001(5):40-43.

[85] 黄宝强,刘青,胡振鹏,等.生态安全评价研究述评[J].长江流域资源与环境,2012,21(Z2):150-156.

[86] 黄金川,方创琳.城市化与生态环境交互耦合机制与规律性分析[J].地理研究,2003,22(2):212-220.

[87] 蒋蕊竹,李秀启,朱永安,等.基于MODIS黄河三角洲湿地NPP与NDVI相关性的时空变化特征[J].生态学报,2011,31(22):6708—6716.

[88] 孔红梅,赵景柱,吴钢,等.生态系统健康与环境管理[J].环境科学,2002,23(1):1-5.

[89] 孔红梅,赵景柱,马克明,等.生态系统健康评价方法初探[J].应用生态学报,2002,13(4):486-490.

[90] 赖力,黄贤金,刘伟良.生态补偿理论、方法研究进展[J].生态学报.2008,28(6):2870-2877.

[91] 李博,石培基,金淑婷,等.石羊河流域生态系统服务价值的空间异质性及其计量[J].中国沙漠,2013,33(3):943-951.

[92] 李建春,张军连,李宪文,等.银川市基本农田保护区空间布局合理性评价[J].农业工程学报,2013,29(3):242-249+302.

［93］李瑾,安树青,程小莉,等.生态系统健康评价的研究进展［J］.植物生态学报,2001,
25(6):641-647.

［94］李镜,张丹丹,陈秀兰,等.岷江上游生态补偿的博弈论［J］.生态学报,2008,28(6):
2792-2798.

［95］李力,王景福.生态红线制度建设的理论和实践［J］.生态经济,2014,30(8):138-
140.

［96］李苗苗.植被覆盖度的遥感估算方法研究［D］.北京:中国科学院研究生院(遥感应
用研究所),2003:41-55.

［97］李佩武,李贵才,张金花,等.深圳城市生态安全评价与预测［J］.地理科学进展,
2009,28(2):245-252.

［98］李晓燕,王宗明,张树文.吉林省西部生态安全评价［J］.生态学杂志,2007,26(6):
954-960.

［99］李亚男,俞洁,王飞儿等.基于突变级数法的千岛湖流域生态安全评价［J］.浙江大学
学报(理学版),2014,41(6):689-695+724.

［100］林宇,陈钦萍,郑晶.基于 K-Means 聚类法的林区农户农地利用行为研究——以福
建省为例［J］.林业经济,2016,36(8):91-94.

［101］刘冬,林乃峰,邹长新,等.国外生态保护地体系对我国生态保护红线划定与管理的
启示［J］.生物多样性,2015,23(6):708-715.

［102］刘红,王慧,张兴卫.生态安全评价研究述评［J］.生态学杂志,2006,25(1):74-78.

［103］刘纪远.中国资源环境遥感宏观调查与动态研究［M］.北京:中国科学技术出版
社,1996.

［104］刘明华,董贵华.RS 和 GIS 支持下的秦皇岛地区生态系统健康评价［J］.地理研究,
2006,25(5):930-938.

［105］刘焱序,彭建,汪安,等.生态系统健康研究进展［J］.生态学报,2015,35(18):5920-
5930.

［106］刘耀彬,宋学锋.城市化与生态环境耦合模式及判别［J］.地理科学,2005,25(4):409-
414.

［107］刘勇,刘友兆,徐萍.区域土地资源生态安全评价——以浙江嘉兴市为例［J］.资源科
学,2004,26(3):69-75.

［108］刘玉龙,马俊杰,金学林,等.生态系统服务功能价值评估方法综述［J］.中国人口·
资源与环境,2005,15(1):88-92.

［109］刘长焕,许嘉伟,陈婕,等.近 62 年南京地区气温变化趋势及其分析［J］.安徽农业科
学,2013(31):12405-12408.

［110］柳新伟,周厚诚,李萍,等.生态系统稳定性定义剖析［J］.生态学报,2004,24(11):
2635-2640.

［111］陆丽珍,詹远增,叶艳妹,等.基于土地利用空间格局的区域生态系统健康评价——以舟山岛为例[J].生态学报,2010,30(1):245-252.

［112］马克明,孔红梅,关文彬,等.生态系统健康评价:方法与方向[J].生态学报,2001,21(12):2106-2116.

［113］毛旭锋,崔丽娟,张曼胤.基于PSR模型的乌梁素海生态系统健康分区评价[J].湖泊科学,2013,25(6):950-958.

［114］闵庆文,甄霖,杨光梅,等.自然保护区生态补偿机制与政策研究[J].环境保护,2006(19):55-58.

［115］欧阳志云,王如松,赵景柱.生态系统服务功能及其生态经济价值评价[J].应用生态学报,1999,10(5):635-640.

［116］欧阳志云,王效科,苗鸿.中国陆地生态系统服务功能及其生态经济价值的初步研究[J].生态学报,1999,19(5):607-613.

［117］欧阳志云,徐卫华,肖燚,等.新世纪我国生态安全面临的新态势与对策[J].智库理论与实践,2016,1(6):33-41.

［118］潘文卓,缪启龙,许遐祯.1951—2006年南京气温变化特征[J].大气科学学报,2008,31(5):694-701.

［119］潘耀忠,史培军,朱文泉,等.中国陆地生态系统生态资产遥感定量测量[J].中国科学D辑:地球科学,2004,34(4):375-384.

［120］彭建,王仰麟,吴健生,等.区域生态系统健康评价——研究方法与进展[J].生态学报,2007,27(11):4877-4885.

［121］彭娇婷.生态红线区综合性生态补偿机制探索[J].山东林业科技,2016,46(6):97-99+67.

［122］彭文甫,周介铭,杨存建,等.基于土地利用变化的四川省生态系统服务价值研究[J].长江流域资源与环境,2014,23(7):1053-1062.

［123］乔伟峰,盛业华,方斌,等.基于转移矩阵的高度城市化区域土地利用演变信息挖掘——以江苏省苏州市为例[J].地理研究,2013,32(8):1497-1507.

［124］秦晓楠,卢小丽,武春友.国内生态安全研究知识图谱——基于Citespace的计量分析[J].生态学报,2014,34(13):3693-3703.

［125］秦艳红,康慕谊.国内外生态补偿现状及其完善措施[J].自然资源学报,2007,22(4):557-567.

［126］饶胜,张强,牟雪洁.划定生态红线创新生态系统管理[J].环境经济,2012(6):57-60.

［127］任海,邬建国,彭少麟,等.生态系统管理的概念及其要素[J].应用生态学报,2000,11(3):455-458.

［128］任海,邬建国,彭少麟.生态系统健康的评估[J].热带地理,2000,20(4):310-316.

[129] 石垚,王如松,黄锦楼,等.中国陆地生态系统服务功能的时空变化分析[J].科学通报,2012,57(9):720-731.

[130] 史培军,潘耀忠,陈晋,等.深圳市土地利用/覆盖变化与生态环境安全分析[J].自然资源学报,1999,14(4):293-299.

[131] 宋兰兰,陆桂华,刘凌,等.区域生态系统健康评价指标体系构架——以广东省生态系统健康评价为例[J].水科学进展,2006,17(1):116-121.

[132] 孙新章,谢高地,张其仔,等.中国生态补偿的实践及其政策取向[J].资源科学.2006,28(4):25-30.

[133] 田慧颖,陈利顶,吕一河,等.生态系统管理的多目标体系和方法[J].生态学杂志,2006,25(9):1147-1152.

[134] 王保,黄思先.南京降水气候特点及小波变化特征分析[C]//第31届中国气象学会年会:S6大气成分与天气、气候变化,2014.

[135] 王根绪,程国栋,钱鞠.生态安全评价研究中的若干问题[J].应用生态学报,2003,14(9):1551-1556.

[136] 王耕,王利,吴伟.区域生态安全概念及评价体系的再认识[J].生态学报,2007,27(4):1627-1637.

[137] 王金南,万军,张惠远.关于我国生态补偿机制与政策的几点认识[J].环境保护,2006,(19):24-28.

[138] 王利,纪胜男,马琳.基于K-Means聚类的辽宁省主体功能区试划研究[J].云南地理环境研究,2013,25(5):33-38.

[139] 王敏,谭娟,沙晨燕,等.生态系统健康评价及指示物种评价法研究进展[J].中国人口·资源与环境,2012,22(S1):69-72.

[140] 王敏.大城市建设中的生态保护问题[J].世界环境,2007(5):53-54.

[141] 王薇,陈为峰.区域生态系统健康评价方法与应用研究[J].中国农学通报,2006,22(8):440-444.

[142] 王伟,辛利娟,杜金鸿,等.自然保护地保护成效评估:进展与展望[J].生物多样性,2016,24(10):1177-1188.

[143] 王无敌,周志鑫,李湘,等.一种解决多星遥感地面接收资源冲突及优化的方法[J].系统工程与电子技术,2011.33(6):1299-1304.

[144] 王秀兰,包玉海.土地利用动态变化研究方法探讨[J].地理科学进展,1999,18(1):81-87.

[145] 邬建国.景观生态学——格局、过程、尺度与等级(第二版)[M].北京:高等教育出版社,2007:106-124.

[146] 邬建国.景观生态学——格局、过程、尺度与等级[M].北京:高等教育出版社,2000.

[147] 吴刚,韩青海,蓝盛芳.生态系统健康学与生态系统健康评价[J].土壤与环境,1999,

8(1):78-80.

[148] 吴国庆.区域农业可持续发展的生态安全及其评价研究[J].自然资源学报,2001,16(3):227-233.

[149] 吴海泽,余红,胡友彪,等.区域生态安全的组合权重评价模型[J].安全与环境学报,2015,15(2):370-375.

[150] 肖笃宁,陈文波,郭福良.论生态安全的基本概念和研究内容[J].应用生态学报,2002,13(3):354-358.

[151] 肖风劲,欧阳华.生态系统健康及其评价指标和方法[J].自然资源学报,2002,17(2):203-209.

[152] 肖鹏峰,刘顺喜,冯学智,等.基于遥感的土地利用与覆被分类系统评述及代码转换[J].遥感信息,2003(4):54-58.

[153] 谢高地,鲁春霞,成升魁.全球生态系统服务价值评估研究进展[J].资源科学.2001,23(6):5-9.

[154] 谢高地,鲁春霞,冷允法,等.青藏高原生态资源的价值评估[J].自然资源学报,2003,18(2):189-196.

[155] 谢高地,张彩霞,张雷明,等.基于单位面积价值当量因子的生态系统服务价值化方法改进[J].自然资源学报,2015,30(8):1243-1254.

[156] 谢花林,李波.城市生态安全评价指标体系与评价方法研究[J].北京师范大学学报(自然科学版),2004,40(5):705-710.

[157] 辛琨,肖笃宁.生态系统服务功能研究简述[J].中国人口·资源与环境.2000,10(S1):20-22.

[158] 徐德琳,邹长新,徐梦佳,等.基于生态保护红线的生态安全格局构建[J].生物多样性,2015,23(6):740-746.

[159] 徐岚,赵羿.利用马尔柯夫过程预测东陵区土地利用格局的变化[J].应用生态学报,1993,4(3):272-277.

[160] 徐明德,李静,彭静,等.基于 RS 和 GIS 的生态系统健康评价[J].生态环境学报,2010,19(8):1809-1814.

[161] 许学强,张俊军.广州城市可持续发展的综合评价[J].地理学报,2001,56(1):54-63.

[162] 岩流.《全国生态环境保护纲要》环境理论上的重大突破和创新[J].中国环境管理.2002(2):3-7.

[163] 阎水玉,王祥荣.生态系统服务研究进展[J].生态学杂志.2002,21(5):61-68.

[164] 颜利,王金坑,黄浩.基于 PSR 框架模型的东溪流域生态系统健康评价[J].资源科学,2008,30(1):107-113.

[165] 燕守广,林乃峰,沈渭寿.江苏省生态红线区域划分与保护[J].生态与农村环境学

报,2014,30(3):294-299.

[166] 杨邦杰,高吉喜,邹长新.划定生态保护红线的战略意义[J].中国发展,2014,14(1):1-4.

[167] 杨斌,隋鹏,陈源泉,等.生态系统健康评价研究进展[J].中国农学通报,2010,26(21):291-296.

[168] 杨光梅,李文华,闵庆文.生态系统服务价值评估研究进展——国外学者观点[J].生态学报,2006,26(1):205-212.

[169] 杨光梅,闵庆文,李文华,等.我国生态补偿研究中的科学问题[J].生态学报,2007,27(10):4289-4300.

[170] 杨锐.美国国家公园规划体系评述[J].中国园林,2003,19(1):45-48.

[171] 杨姗姗,邹长新,沈渭寿,等.基于生态红线划分的生态安全格局构建——以江西省为例[J].生态学杂志,2016,35(1):250-258.

[172] 张永江,邓茂,李莹莹,等.重庆市生态保护发展区域大气环境质量研究[J].环境影响评价,2017,39(2):63-67.

[173] 于贵瑞.生态系统管理学的概念框架及其生态学基础[J].应用生态学报,2001,12(5):787-794.

[174] 虞依娜,彭少麟.生态系统服务价值评估的研究进展[J].生态环境学报,2010,19(9):2246-2252.

[175] 袁兴中,刘红,陆健健.生态系统健康评价——概念构架与指标选择[J].应用生态学报,2001,12(4):627-629.

[176] 张凤太,苏维词,周继霞.基于熵权灰色关联分析的城市生态安全评价[J].生态学杂志,2008,27(7):1249-1254.

[177] 张宏锋,欧阳志云,郑华.生态系统服务功能的空间尺度特征[J].生态学杂志,2007,26(9):1432-1437.

[178] 张惠远,刘桂环.我国流域生态补偿机制设计[J].环境保护,2006,10A:49-54.

[179] 张继飞,邓伟,刘邵权.西南山地资源型城市地域空间发展模式:基于东川区的实证[J].地理科学,2013,11(10):1206-1215.

[180] 张洁瑕,陈佑启,姚艳敏,等.基于土地利用功能的土地利用分区研究——以吉林省为例[J].中国农业大学学报,2008,13(3):29-35.

[181] 张军以,苏维词,张凤太.基于PSR模型的三峡库区生态经济区土地生态安全评价[J].中国环境科学,2011,31(6):1039-1044.

[182] 张卫民,安景文,韩朝.熵值法在城市可持续发展评价问题中的应用[J].数量经济技术经济研究,2003(6):115-118.

[183] 赵慧霞,吴绍洪,姜鲁光.生态阈值研究进展[J].生态学报,2007,27(1):338-345.

[184] 赵静静,柴立和,杜慧滨.基于MIEP模型的城市生态安全评价——以宁波市为例

[J].环境科学学报,2015,35(9):2989-2995

[185] 赵士洞,汪业勖.生态系统管理的基本问题[J].生态学杂志,1997,16(4):35-38.

[186] 赵同谦,欧阳志云,王效科,等.中国陆地地表水生态系统服务功能及其生态经济价值评价[J].自然资源学报,2003,18(4):443-452.

[187] 赵卫,沈渭寿.海峡西岸经济区生态系统健康评价[J].应用生态学报,2011,22(12):3272-3278.

[188] 郑华,欧阳志云,赵同谦,等.人类活动对生态系统服务功能的影响[J].自然资源学报.2003,18(1):118-126.

[189] 周华,周生路,杨得志,等.农村建设用地整理时空布局与模式选择的决策方法[J].农业工程学报,2012,28(S1):230-237.

[190] 周念平.我国重要生态功能区的生态补偿机制研究——以怒江流域为例[D].昆明:昆明理工大学,2013.

[191] 周睿,钟林生,刘家明,等.中国国家公园体系构建方法研究——以自然保护区为例[J].资源科学,2016,38(4):577-587.

[192] 朱会义,李秀彬.关于区域土地利用变化指数模型方法的讨论[J].地理学报,2003,58(5):643-650.

[193] 朱文泉.中国陆地生态系统植被净初级生产力遥感估算及其与气候变化关系的研究[D].北京:北京师范大学,2005:19-30.

[194] 祝光耀.大力推进生态功能保护区建设[J].中国生态农业学报,2004,12(4):1-4.

[195] 庄大方,刘纪远.中国土地利用程度的区域分异模型研究[J],自然资源学报,1997,12(2):105-111.

[196] 宗跃光,周尚意,温良,等.区域生态系统可持续发展的生态价值评价——以宁夏灵武市为例[J].生态学报,2002,22(10):1573-1580.

[197] 邹长新,王丽霞,刘军会.论生态保护红线的类型划分与管控[J].生物多样性,2015,23(6):716-724.

[198] 邹长新,徐梦佳,林乃峰,等.生态保护红线的内涵辨析与统筹推进建议[J].环境保护,2015,43(24):54-57.

[199] 邹晓云,邓红蒂,宋子秋.自然生态空间的边界划定方法[J].中国土地,2018(4):9-11.

附表

南京市生态红线区域名录

南京市生态红线区域名录（2014 年）

区域	序号	名称	类型	红线区域范围		面积(km²)		
				一级管控区	二级管控区	一级管控区	二级管控区	总面积
南京市区	1	夹江饮用水水源保护区	饮用水水源保护区	水域范围:江宁区自来水厂取水口上游500 m 至北河口水厂取水口上游500 m 的全部水域范围;二级保护区水域与相对应的本岸背水坡堤脚外100 m 范围内的陆域(一级管控区范围内整合划定位后,生态红线管控区范围与省政府重新批复的保护方案一致)	水域范围:上夹江口下夹江口范围内除一级保护区外的全部夹江水域范围;陆域范围:二级保护区水坡堤脚外100 m 范围内对应的夹江两岸背水坡对应的陆域(不含跨江交通线,生态水电等市政通道)(待取水口整合划定位后,生态红线管控区范围与省政府重新批复的保护方案一致)	1.38	5.27	6.65
	2	钟山风景名胜区	风景名胜区	在钟山风景区核心景区中的生态保护区,自然景观保护区(除台马公园外)和史迹保护区	东界从岔路口沿环陵路至马群,南界从马群沿沪宁高速连接线至中山门,西界从中山门沿墙经解放门、玄武门至神策门公园,再从策门公园沿太龙蟠路经王家湾、板仓至岔路口,再从岔路子村沿宁栖路至岔路口(不含地铁规划使用地范围)	11.41	23.39	34.80
	3	雨花台风景名胜区	风景名胜区	—	共青团路以东,雨花东路以南,纬八路以北合围的区域。不包括南入口西侧公交场站,西北角及西南角现状住宅用地,雨花东路沿线部分非景区占用地及南角已占让出让土地(不含地铁规划使用地范围)	0.00	0.95	0.95
	4	南京长江江豚省级自然保护区	自然保护区	一级管控区为自然保护区的核心区和缓冲区,包括两部分:一是子母洲下游500 m 至新生洲洲尾段;二是潜洲尾下游500 m 至秦淮河新河口段(不含南京长江三桥,梅子洲过江通道,纬三路过江隧道,汉中西路过江通道、建宁西路过江通道,纬长江路过江隧道等线位)	二级管控区为自然保护区的实验区,包括三部分:一是新生洲洲尾至南京安徽交界段;二是秦淮河新河口至子母洲下游500 m 段;三是南京长江三桥,梅子洲过江通道,纬三路过江隧道,纬七路过江通道,汉中关铁路大桥,汉中西路过江通道、建宁西路过江通道等线位)	53.91	33.01	86.92

续表

| 区域 | 序号 | 名称 | 类型 | 红线区域范围 | | 面积（km²） | | |
				一级管控区	二级管控区	一级管控区	二级管控区	总面积
	5	长江大胜关长江刀鲚铜鱼国家级水产种质资源保护区	重要渔业水域	—	江宁区新济洲头至潜洲尾的长江江段（不含南京长江三桥、梅子洲过江通道，汉中西路过江通道，纬七路长江隧道，纬三路过江隧道和大胜关铁路大桥等线位）	0.00	74.21	74.21
	6	七桥瓮城市湿地公园	湿地公园	—	东至友谊河路，东南至纬七路，南和西至秦淮河，北至运粮河（不含规划建设用地范围）	0.00	0.24	0.24
	7	潜洲重要湿地	重要湿地	—	以潜洲平均水位线为界	0.00	1.33	1.33
南京市区	8	雨花台砂砾石层保护区	地质遗迹保护区	现有隔离栅栏区域，约 400 m²	—	0.000 4	0.00	0.000 4
	9	牛首山风景区	风景名胜区	—	东以宁丹路为界限，西南以区为界限（与江宁分界，牛首山以北）；北以牛首山坡停车场—牛首山北坡上山道沿线—杨家坟地块—大石湖内部地块—京沪高铁—区界为界限	0.00	2.75	2.75
	10	将军山风景区	风景名胜区	—	东以区界为界限；南以后庄村—区为界限；西以京沪高铁停车辆段—中兴三区项目—宁丹路为界限；北以京沪高铁—雨花人武部靶场—铁心桥养老院为界限	0.00	4.90	4.90
	11	三桥湿地公园	湿地公园	—	位于雨花经济开发区秦淮河以南，板桥河以北，滨江大道以西，长江以东，毗邻南京长江三桥	0.00	0.03	0.03

续表

区域	序号	名称	类型	红线区域范围		面积(km²)		
				一级管控区	二级管控区	一级管控区	二级管控区	总面积
	12	秦淮河(南京市区)洪水调蓄区	洪水调蓄区	—	秦淮河水域范围(包括秦淮新河、内秦淮河)(不含地铁规划建设用地范围)	0.00	5.26	5.26
	13	梅山塌陷区生态公益林	生态公益林	—	范围以南京市生态系统绿地规划为准	0.00	0.60	0.60
南京市区	14	燕子矶饮用水水源保护区	饮用水水源保护区	水域范围:取水口上游500 m至下游500 m之间的水域范围 对岸500 m至本岸背水坡之间的本岸背水域 陆域范围:一级保护区水域与相对应的本岸背水坡堤脚外100 m范围内的陆域	一级保护区以外上溯1 500 m,下延500 m之间的水域和陆域范围(不含和燕路过江通道线位)	0.61	1.25	1.86
	15	龙潭饮用水水源保护区	饮用水水源保护区	水域范围:取水口上游500 m至下游500 m之间的水域范围 对岸500 m至本岸背水坡之间的本岸背水域 陆域范围:一级保护区水域与相对应的本岸背水坡堤脚外100 m范围内的陆域	水域范围:一级保护区以外上溯1 500 m,下延500 m的水域范围;陆域范围:二级保护区水域与相对应的本岸背水坡堤脚外100 m的陆域范围	0.83	1.94	2.77
	16	八卦洲(左汊)上坝饮用水水源保护区	饮用水水源保护区	水域范围:取水口上游500 m至下游500 m之间的水域范围 对岸500 m至本岸背水坡之间的本岸背水域 陆域范围:一级保护区水域与相对应的本岸背水坡堤脚外100 m范围内的陆域	水域范围:一级保护区以外上溯1 500 m,下延500 m的水域范围;陆域范围:二级保护区水域与相对应的本岸背水坡堤脚外100 m的陆域范围(不含浦仪快速路过江公路通道)	0.55	1.02	1.57
	17	八卦洲(主江段集中式饮用水水源保护区(备用))	饮用水水源保护区	—	水域范围:八卦洲洲头至长江二桥桥位上游排水灌渠入江口水域,总长约5 km 陆域范围:水域与相对应的长江防洪堤之间陆域范围(不含和燕路过江通道线位)	0.00	4.78	4.78

续表

区域	序号	名称	类型	红线区域范围		面积(km²)		
				一级管控区	二级管控区	一级管控区	二级管控区	总面积
南京市区	18	南京栖霞山国家森林公园	森林公园	—	栖霞山景区:东至南京江南水泥厂,东至栖林缘至扬子水泥厂,北界,近鸿特种玻璃西界和南界南界至312国道,南界为312国道,西至滨江大道.北象山景区:栖霞缘水厂沿山体林缘至五福家园小区北界,沿山体林缘至栖霞街道石埠桥村界,沿山体林缘至亭子桥.沿山体林缘至栖霞水厂.南象山景区:东至栖霞街道南象山村界,南至312国道,西至友谊道路(沿山体林缘).北至沪宁铁路(不含地铁规划建设用地范围)	0.00	7.49	7.49
	19	南京幕燕省级森林公园	森林公园	—	以省林业局重新批准的南京幕燕省级森林公园范围为准(不含和燕路过江通道线位和地铁建设用地范围)	0.00	4.09	4.09
	20	八卦洲省级湿地公园	湿地公园	—	猪场圩片区:北以大同圩北圩界(北纬:32°11′0.61″,东经:118°46′6.49″,北纬:32°11′6.06″,东经:118°46′31.91″),东沿环洲路(北纬:32°9′34.52″,东经:118°46′40.10″,北纬:32°9′35.76″,东经:118°47′2.37″),西为长江.柳林圩片区:西从柳林圩开始(北纬:32°9′45.12″,东经:118°47′54.96″,北纬:32°9′37.54″,东经:118°47′53.54″,北纬:32°9′22.10″,东经:118°48′0.39″),北沿七里旱壩路.东以跃进河入口口西侧界(北纬:32°11′0.61″,东经:118°46′6.49″,北纬:32°9′52.59″,东经:118°48′55.01″),南为长江	0.00	2.58	2.58
	小计	—	—	—		68.69	175.09	243.78

续表

区域	序号	名称	类型	红线区域范围		面积(km²)		
				一级管控区	二级管控区	一级管控区	二级管控区	总面积
	21	汤山国家地质公园	地质遗迹保护区	含划定的生态保护区,地质遗迹景观一级保护区及郁闭度较好的林地。包括三部分:一是北部地块,地理坐标为118°59′51.72″E 32°4′41.18″N;北至汤盆公路约200 m;西至湖盛路;南至S337省道;东至江湖圣路。二是中部地块,东至S337省道;南至沪宁高速公路;西至湖盛路之间的林地,其范围北为禾至技校路与锁石村之同的坐标为118°58′33.35″E 32°4′25.54″N,三是南部地块,东至江宁区界;西界地理坐标为119°0′1.41″E 32°2′21.97″N,南界地理坐标为119°0′38.61″E 32°2′31.07″N;西界附道路X302约150 m(不含小野田水泥厂以及汤山机械制造厂)	位于汤山街道和麒麟街道,包括三部分:一是北部地块,南界地理坐标为118°59′40.25″E 32°3′35.19″N;西至环山道路至春湖路。二是中部地块,东至环山公路,西至汤山道路地块,东至环山道路至119°2′49.65″E 32°4′9.02″N,南至环山公路,北界地理坐标为119°2′22″E 32°4′19″N。三是南部地块,东至美泉路;西界地理坐标为119°2′30.70″E 32°3′2.28″N,南界地理坐标为119°2′22.63″E 32°3′14.39″N(不含孔山矿、孟塘采石场、雪浪庵以及房车露营基地)	10.08	2.84	12.92
江宁区	22	牛首山-祖堂山风景区	风景名胜区	含牛首山、小山、戴山、吉山、祖堂山、静龙山等郁闭度较高的林地。包括五部分:一是北部山和小山部分,四址坐标:东118°42′28.77″E 31°55′43.29″N;南118°42′19.31″E 31°55′17.85″N;西118°41′20.74″E 31°55′28.85″N;北118°42′20.90″E 31°55′47.93″N。二是牛首山北部山部分,四址坐标:东118°44′46.02″E 31°54′51.92″N;南118°44′43.36″E 31°54′46.02″N;西118°44′25.10″E 31°54′54.35″N;北118°44′32.64″E 31°54′58.72″N;三是祖堂山和羊山部分,四址坐标:东118°45′10.59″E 31°53′12.23″N;南118°43′43.62″E 31°53′17.57.33″N;四是吉山部分,四址坐标:东118°45′44.86″E 31°51′44.39″N;南118°45′23.70″E 31°51′46.02″N;西118°44′39.23″E 31°51′17.65″N;北118°45′.93″E 31°52′17.65″N;五是静龙山和羊山部分,四址坐标:东118°47′20.35″N,南118°46′16.63″E 31°51′25.20″N;北118°46′23.61″E 31°52′8.33″N	以绕城高速为界分为两部分。北部地区:东至韩山、羊山山脚;西至菜屏山、将军山、殷龙山、祖堂山、三板桥、赵台一线;南至小甪村、端村、严村、周村、善村至南部北一线;西至王家攻、王家边、延伸至山龙凹村,四址坐标:东118°46′54.96″E 31°55′47.78″N;南118°45′24.75″E 31°52′48.55″N;南部地区:东至范家凹村、胡三牧村、上新丰村,张家凹村、梧桐树村、左英村、新塘村、小夏家村、下玉村、鸡笼山山脚、吉山山脚、羊山南部,坐标:东118°47′33.00″E 31°49′39.89″N;西118°42′49.08″E 31°50′30.69″N;北118°44′53.51″E 31°52′32.31″N(不包括牛首山风景区中部地区控制性详细规划、江苏软件园吉山基地、江苏文化创意产业基地及美丽乡村等规划用地)	4.94	19.35	24.29

续表

区域	序号	名称	类型	红线区域范围		面积(km²)		
				一级管控区	二级管控区	一级管控区	二级管控区	总面积
	23	江宁方山省级森林公园	森林公园	包括划定的生态保护区、地质遗迹景观一级保护区及郁闭度较好的林地。四址坐标为：东118°52′42.10″E 31°54′24.11″N；南118°51′39.63″E 31°53′53.54″N；北118°52′2.60″E 31°54′35.42″N	范围为：东至丽泽路；南部沿丽泽路向东环山；西界地理坐标为118°51′33.09″E 31°53′48.45″N；北界地理坐标为118°52′1.67″E 31°54′42.27″N（不含洞玄观和情人谷射箭场）	2.80	1.80	4.60
江宁区	24	东坑生态公益林	生态公益林	包括植被覆盖较好的山地以及该区域的主要水库。四址坐标为：东部，东1号118°44′34.32″E 31°48′21.80″N；东2号118°44′52.83″E 31°47′30.32″N；东3号118°42′53.68″E 31°45′4.84″N；东4号118°42′58.61″E 31°42′39.47″N；东5号118°40′52.23″E 31°40′27.55″N；东6号118°39′59.22″E 31°38′48.76″N。南部，南1号118°39′53.16″E 31°38′39′50.00″N；南2号118°39′7.17″N。西部，西1号118°38′43.37″N。西部，西2号118°40′22.89″E 31°46′28.64″N；西3号118°40′29.02″E 31°43′59.42″N；西4号118°39′58.40″E 31°41′57.02″N。北界地理坐标为118°47′04.04″E 31°48′35.96″N不含美丽乡村预留地和美丽乡村规划用地	四址坐标为：东部，东1号118°44′39.76″E 31°49′5.30″N；东2号118°44′29.84″E 31°45′16.43″N；东3号118°43′28.56″E 31°43′5.65″N；东4号118°42′19.39″E 31°40′14.79″N；东5号118°39′59.62″E 31°39′25.79″N；南部，南1号118°39′15.91″E 31°39′7.17″N；西部，西2号118°38′10.17″E 31°40′26.14″N。北118°44′22.31″E 31°49′24.06″N不含区内一级管控区，S002省道预留地和美丽乡村预留地	38.05	14.56	52.61
	25	赤山省级生态公益林	生态公益林	范围为：东119°3′24.56″E 31°51′51.52″N；南119°2′45.88″E 31°51′40.07″N；西119°3′0.03″E 31°52′19.52″E 31°52′13.65″N	—	0.86	0.00	0.86

续表

区域	序号	名称	类型	红线区域范围		面积(km²)		
				一级管控区	二级管控区	一级管控区	二级管控区	总面积
	26	大连山-青龙山水源涵养区	重要水源涵养区	东至青龙山、豹山、小龙山、天宝山山脚;南至青龙山、荆山、小茅山山脚凹山山脚,西至猪明凹山脚;西至青龙山、钓鱼台山山脚。四址坐标为:东119°0′21.11″E 32°0′49.76″N;西118°55′5.56″E 31°57′11.80″N;西118°55′13.25″E 31°59′51.48″N;北118°59′7.36″E 32°3′33.68″N	以中部山体界分为东西两部分。东部地块:东至炮台山山脚,岗端上村,地理坐标为119°1′49.76″E 32°0′41.33″N;南界地理坐标118°54′41.14″E 31°56′49.76″N;西接一级管控区东界:北至118°59′7.36″E 32°3′33.68″N;西部地块:东接一级管控区边界,南至马鞍山山脚,地理坐标118°53′42.32″E 31°57′31.34″N;西至青龙山山脚,地理坐标为118°52′57.32″E 32°0′15.42″N;北至S122省道(不含S122省道线位、青龙山郊野公园、麒麟总规、双龙湖、云深处和美丽乡村等规划用地及桃源谷口、足球训练基地、龙都采石场、保留村落等现有开发用地)	27.57	45.71	73.28
江宁区	27	安基山水源涵养区	重要水源涵养区	含白露头、文山、阴山、斗山等郁闭度较高的林地及安基山水库、螺丝冲水库、中塘水库等水库,包括四部分。地块1四址坐标为:东119°3′17.67″E 32°6′13.45″;南119°3′0.61″E 32°5′45.21″;西119°2′25.47″E 32°6′9.60″;北119°2′37.58″E 32°6′22.68″;地块2四址坐标为:东119°4′15.74″E 32°6′24.72″;南119°3′50.40″E 32°5′58.03″;西119°3′15.84″E 32°6′21.32″;北119°3′54.74″E 32°6′43.36″;地块3四址坐标为:东119°3′16.43″E 32°5′43.14″;南119°3′1.96″E 32°5′15.94″;西119°2′50.32″E 32°5′19.09″;北119°3′12.04″E 32°5′46.30″;地块4四址坐标为:东119°5′40.22″E 32°5′37.34″;南119°5′23.68″E 32°4′8.63″;西119°3′26.45″E 32°5′26.23″;北119°5′9.01″E 32°5′52.50″(不含S002省道规划线位)	东部、西部、北部至江宁区界,南至沪溶高速(不含内部一级管控区,现状建设用地和美丽乡村规划用地)	6.33	12.07	18.40

续表

区域	序号	名称	类型	红线区域范围		面积（km²）		
				一级管控区	二级管控区	一级管控区	二级管控区	总面积
江宁区	28	马头山水源涵养区	重要水源涵养区	含白头山、马头山、岱山、犁头尖山等郁闭度较高的林地及杨库水库，包括三部分。一是白头山部分，四址坐标为：东118°36′5.94″E31°46′19.07″N；西118°35′28.22″N；E31°46′51.22″N；南118°34′46.97″N；E31°47′21.18″N；北118°35′46.97″E31°47′53.68″N。二是马头山和岱山部分，四址坐标为：东118°35′42.17″E31°45′31.40″N；西118°34′50.71″E31°46′1.97″N；北118°35′22.35″E31°46′24.22″N；三是犁头尖山部分，四址坐标为东118°35′32.87″E31°45′17.73″N；南118°34′27.20″E31°44′37.37″N；西118°34′11.18″E31°45′13.77″N；北118°35′18.38″E31°45′23.84″N	东沿人评村、官塘村、小五村至芦塘庵村；南至江宁下陈圩村。四址坐标为：118°36′27.16″E31°47′0.21″N；118°32′46.45″E31°43′54.99″N；118°32′1.76″E31°45′40.24″N；118°35′49.80″E31°48′46.70″N（不含地铁骑构用地，现状建设用地及美丽乡村规划用地）	3.73	10.51	14.24
	29	横山水源涵养区	重要水源涵养区	以横山为主体，内有张山、柴山、四径山、家公山、东陶山、黄牛峰、铜山、朝山、陈家山、溧塘山等山体及驻驾山水库、跃进水库等水库。排驾口水库、筑塘坝水库。范围为：东部、西部至江宁区界，南部至安徽省界。范围具：北1点118°46′50.69″E31°41′16.09″N；北2点118°50′7.34″E31°40′37.53″N；北北部铜山地块范围为：东118°53′11.27″E31°40′20.40″N；东北部118°53′10.97″E31°40′3.00″N；西115°15″N；南118°52′46.53″E31°40′47.60″N；西118°52′13.51″E31°40′58.39″N；北118°52′51.16″E31°41′7.82″N	位于江宁区南部横溪街道与祥口街道内，包括四部分。一是荷叶山地块，四址坐标：东118°47′10.29″E31°40′58.38″N；南118°47′50.73″E31°40′54.92″N；西118°46′42.02″E31°40′30.31″N；北118°46′34.00″E31°40′15.10″N不含本区块内一级管控区；二是章山北部地块，四址坐标为：东118°49′55.01″E31°40′24.31″N；二是章山北部地块，四址坐标为：东118°48′26.21″E31°40′56.83″N；三是赵村地块，四址坐标为：北118°50′41.97″E31°40′17.59″N；南118°47′37.41″E31°38′3.00″N；四是铜山地块，四址坐标为：东118°53′19.56″E31°40′24.83″N；南118°52′5.72″E31°40′44.08″N；西118°52′29.56″E31°40′10.56″N；北118°52′12.59″N不含乡村和美丽乡村保留农村（一级管控区不包括乡村用地）	26.15	11.45	37.60

续表

区域	序号	名称	类型	红线区域范围		面积(km²)		
				一级管控区	二级管控区	一级管控区	二级管控区	总面积
江宁区	30	赵村水库饮用水水源保护区	饮用水水源保护区	赵村水库的全部水面及取水口侧水位线以上200 m陆域范围。为加强水源地管理,将赵村水库水面200 m缓冲区设为一级管控区	汇水区域(18.1 km²),因赵村水库处于横山水源涵养区,未单独划分二级管控区	2.63	0.00	2.63
	31	江宁子汇洲饮用水水源保护区	饮用水水源保护区	水域范围:取水口上游500 m至下游500 m,向对岸500 m至本岸背水坡之间的水域范围;陆域范围:一级保护区水域与相对应的本岸背水坡堤脚外100 m范围内的陆域(不含锦文路过江通道线位)	水域范围:一级保护区以外上溯1 500 m,下延500 m的水域范围;陆域范围:二级保护区水域与相对应的本岸背水坡堤脚外100 m的陆域范围(不含锦文路过江通道线位)	0.63	1.14	1.77
	32	长江(江宁区)重要湿地	重要湿地	包括新济洲、新生洲、再生洲、子母洲、子汇洲以及与安徽交界处的全部陆地范围,新济洲停机坪预留用地及板桥港建设区(不含锦文路过江通道线位)	东至长江岸堤,南至江宁区界;西至江宁区界,北界地理坐标118°35′5.85″E 31°54′18.39″N(不含板桥港区建设用地、新济洲停机坪预留用地及锦文路过江通道线位)	27.06	31.67	58.73
	33	上秦淮重要湿地	重要湿地	—	东至昔印大道,南至龙眠路内侧;西部边界坐标为:两1点东118°50′5.63″E 31°53′13.01″N;两2点118°50′4.15″E 31°52′33.67″N;两3点118°50′22.74″E 31°52′3.67″N;两4点118°51′35.77″E 31°50′9.26″N;北至绕城高速(不含现状及规划用地)	0.00	15.09	15.09
	34	秦淮河(江宁区)洪水调蓄区	洪水调蓄区	—	二级管控区为江宁区内秦淮河两堤之间的河道及护坡(不含地铁规划建设用地范围)	0.00	9.27	9.27
	35	句容河(江宁区)洪水调蓄区	洪水调蓄区	—	二级管控区为江宁区内句容河两堤之间的河道及护坡	0.00	1.82	1.82
小计				—	—	150.83	177.28	328.11

续表

区域	序号	名称	类型	红线区域范围		面积(km²)		
				一级管控区	二级管控区	一级管控区	二级管控区	总面积
浦口区	36	江浦一浦口饮用水水源保护区	饮用水水源保护区	水域范围:取水口上游500 m至下游500 m之间的水域;陆域范围:一级保护区水域与相对应的本岸背水坡坡堤脚外100 m范围内的陆域(不含汉中西路过江通道线位)	水域范围:一级保护区以上溯1 500 m(七里河与城南河交汇处),下延500 m(定向河入江口)之间的水域;陆域范围:二级保护区水域与相对应的本岸背水坡坡堤脚外100 m的陆域(不含汉中西路过江通道线位)	1.26	2.69	3.95
	37	三岔水库饮用水水源保护区	饮用水水源保护区	三岔水库水域范围	东至水库大堤堤角外200 m及星路陆路、东南沿引四干渠至朱庄西延蔡庄水库,再以村路西至七干渠线、北至星甸三七干渠	1.80	12.52	14.32
	38	桥林饮用水水源保护区(备用)	饮用水水源保护区	水域范围:规划取水口上游500 m至本岸背水坡之间的水域范围;陆域范围:一级保护区水域与本岸背水坡堤脚外100 m的陆域范围	水域范围:一级保护区以外上溯1 500 m,下延500 m对岸至本岸背水坡之间水域;陆域范围:二级保护区水域与本岸背水坡堤脚外100 m的陆域范围	1.09	1.75	2.84
	39	南京老山森林公园	森林公园	南京老山森林公园的防火通道以内的核心区域(不含G40宁连高速线位)	东至京沪铁路支线,北至汤泉大道,西至宁合高速(凤凰西路、凤凰东路)、京沪高铁,宁连高速、护国路(不含天井洼、珍珠泉商业区,自然天成地产,龙山村和瓦殿村农民集中区,南京政治学院等区域)	54.60	57.26	111.86
	40	亭子山生态公益林	生态公益林	亭子山的核心区域	环保产业园以西的宝塔山的核心区域林地	2.93	2.63	5.56
	41	蒲洛山生态公益林	生态公益林	东至蒲洛山山脚,西南至与安徽省界,北至采石宕口	—	0.88	0.00	0.88
	42	长江三桥生态公益林	生态公益林	—	东至滩涂,西南至入江河道,北至南京长江三桥,南京绕城高速	0.00	4.56	4.56

续表

| 区域 | 序号 | 名称 | 类型 | 红线区域范围 | | 面积（km²） | | |
				一级管控区	二级管控区	一级管控区	二级管控区	总面积
浦口区	43	南京市绿水湾国家城市湿地公园	湿地公园	南至长江三桥、西至长江大堤、东至浦口区界、北至拓展南京市绿水湾国家湿地公园内南京长江五桥桥梁及两边各30 m范围，以及绿水湾西侧规划滨江风光带、南部滩涂和不含已建纬七路长江隧道规划预留线位、汉中西路过江通规划预留线位）	绿水湾西侧规划滨江风光带、南部滩涂、绿水湾国家湿地公园内南京长江五桥桥梁及两边各30 m范围（不含汉中西路过江通规划预留线位）	16.36	4.70	21.06
	44	绍兴圩重要湿地	重要湿地	—	东至西埂圩、南至宁泉路、西、北至滁河	0.00	5.69	5.69
	45	滁河重要湿地	重要湿地	—	三合圩片：东至滁河沿滁河至晓桥；西南沿双圩路向南至青山桥，从青山路由青山三组—东葛村砂石路至省界顺清流河至汉河集。北城圩片：西北圩片：西北至永宁与安徽来安边界；南至滁河圩围堤外500 m；东至大桥村张堡。双城圩片：北至滁河、南至滁河堤外500 m，西起老滁河，东至六合滁河入口人口圩堤外500 m	0.00	22.06	22.06
	46	张圩重要湿地	重要湿地	—	东至宁西铁路、南至滁河、西至嵩子圩、北至西葛站	0.00	9.34	9.34
	47	复兴圩重要湿地	重要湿地	—	东至宁西铁路、南至宁泉路、西至嵩子圩更、北至滁河	0.00	2.33	2.33
	48	驷马山河清水通道维护区	清水通道维护区	—	驷马山河浦口段全部水体、三岔水库引水渠及两岸各100 m范围内陆域（不含石桥镇区）	0.00	3.97	3.97
	49	嵩子圩洪水调蓄区	洪水调蓄区	—	嵩子圩渔场全部鱼池	0.00	1.16	1.16

续表

区域	序号	名称	类型	红线区域范围 一级管控区	红线区域范围 二级管控区	面积(km²) 一级管控区	面积(km²) 二级管控区	面积(km²) 总面积
浦口区	50	龙王山风景区	风景名胜区	—	东至高新北路、南至永新路、西至龙山北路、北至丁解路(不含江北村居及南部居住区、商业区)	0.00	1.93	1.93
	小计	—	—	—	—	78.92	132.59	211.51
六合区	51	六合国家地质公园	地质遗迹保护区	—	地质公园分南片区、北片区。南片区包括：瓜埠山、灵岩山、方山、横山四块区域。其中瓜埠山划分为东、西两块区域：东部区块：东以红光村林业队为界、南沿红砂矿为界、西部界线距S247省道(冶六线)约100 m、北以长岗村水泥路为界；西部区块：西部界线距S247省道(冶六线)约100 m、南以原瓜埠村保江村为界、西以原山埠镇老街为界、北以五一路为界。灵岩山四址边界坐标：东1号点E118°53′34.317″E 32°18′34.157″N；东2号点E118°53′41.871″E 32°18′3.68″N；南1号点E118°53′11.358″E 32°17′35.253″N；西1号点E118°53′.832″E 32°18′42.467″N；南2号点E118°18′.149″N；北1号点E118°53′9.619″E32°19′9.55″N。方山四址边界坐标：东1号点E32°18′42.254″N；南1号点E118°59′14.339″E 32°18′12.03″N；西1号点E118°58′36.372″E32°18′36.905″N；北1号点118°59′.604″E 32°19′3.963″N。横山四址边界坐标：东1号点119°1′21.829″E32°20′22.851″N；南1号点119°0′31.414″E 32°19′44.1″N；南2号点119°0′41.438″E 32°19′14.075″N；西1号点E32°20′8.732″N；北1号点119°0′2.031″E 32°20′4.605″N；北2号点119°0′48.529″E 32°20′35.239″N。北片区包括：桂子山、金牛山、马头山三块区域。其中桂子山范围以石柱林景区为准。金牛山以南高线40 m等高线以上范围为准。东1号点E118°59′31.101″E 32°28′20.388″N；南1号点118°59′3.867″E 32°28′2.192″N；西1号点118°58′18.31″E 32°28′18.293″N；北1号点118°58′58.945″E 32°28′26.972″N。马头山四址边坐标：东1号点118°57′3.831″E 32°24′52.827″N；南1号点118°57′36.836″E 32°24′23.566″N；西1号点118°57′7.07″N；北1号点118°57′32.151″E 32°25′29.012″N；北2号点118°58′8.689″E 32°25′15.73″N	0.00	13.00	13.00

续表

区域	序号	名称	类型	红线区域范围 一级管控区	红线区域范围 二级管控区	面积(km²) 一级管控区	面积(km²) 二级管控区	面积(km²) 总面积
六合区	52	江苏南京冶山矿山地质遗迹公园	地质遗迹保护区	—	东部界限为苏皖两省省界，南部以金牛湖省级森林公园为界，西至老矿产老联塘，北至老省道以南	0.00	0.99	0.99
	53	止马岭白然保护区	自然保护区	东至彭家港水库上游600 m处，南至金家港山顶道路，西至与安徽省交界处防火通道，北至乌龙港水库东侧	—	4.44	0.00	4.44
	54	六合兴隆洲－鱼洲重要湿地	重要湿地	—	包括兴隆洲与鱼洲两块江滩，兴隆洲北界与标准江堤之间的水域，乌鱼洲与标准江堤之间的水域，乌鱼洲与兴隆洲南界，西为划子口河入江处，北为土堤（不含S002省道六合段，龙潭过江通道等线位），七乡河过江通道等线位	0.00	25.51	25.51
	55	长芦－玉带生态公益林	生态公益林	—	被滁河划分为东、西两片。东片边界：东起S247省道（冶六线），南到滁河北岸河堤，西为滁河东岸河堤，北沿蔡庄一胡王一吕家脉一单圩为界；西片边界：西起滁河西岸河堤，东起胡王一吕家岳一吕家洼，南至通江集河，西部沿瓜埠化工园港区北界－北王岳子河南岸河堤（不含原瓜埠镇镇区建设用地北界－北王至吕岳子河南岸河堤，S356省道，潍仪公路线位）	0.00	20.78	20.78
	56	马汊河－长江生态公益林	生态公益林	—	以马汊河为界，分为南、北两片。北片边界：东起马汊河两岸河堤，南至长江标准江堤，西界为大厂街道丁家山路；南片边界：北起马汊河两岸河堤，东起宁六线公路，南至马汊河北岸河堤，西至宁启铁路，东至中山科技园，北至六合经济开发区建设用地南界（不含大厂港区，S356省道线位）	0.00	9.79	9.79

续表

区域	序号	名称	类型	红线区域范围		面积(km²)		
				一级管控区	二级管控区	一级管控区	二级管控区	总面积
	57	峨眉山生态公益林	生态公益林	—	东起南京市与仪征市边界，南至横梁街道与原东沟镇交界处，西界为北起峨眉山南至横山全部丘陵的西坡山脚线	0.00	11.56	11.56
	58	城市生态公益林	生态公益林	—	东部界限在东岋村北以滁河右岸河堤为准，东岋村以南沿石家门口、横庄划界，南部界线与扬子公司建设用地北部0.35 km以南平行线以及扬子沪陕高速平行，距沪陕高速用界限为准，西部界限延伸部分的界限为沪陕南侧南绿化带50 m，西端延伸至沪陕高速及两侧绿化带，北部界限距四柳河以北平均为0.15 km平行线（不包括外环路、灵岩大道道路）	0.00	4.36	4.36
六合区	59	金牛湖省级森林公园	森林公园	—	东与安徽省天长市小林场交界，南部是金牛湖水源涵养区西部片区的西界，西与六合区冶山街道老山村、一顾庄、一泉水、一毛云一建新四组交界，北部界线的东段是南京市冶山矿山公园的南界，西段冶山街道老山村-姚灯山沿组交界（不含冶山口、农民社正安置小区等已规划的一级社区和S247省道拆迁线位）	0.00	7.46	7.46
	60	白马山森林公园	森林公园	—	东以南京与仪征市的行政区界线为界（仅征市青山镇团结村、官山村、安徽村自然路为界，南经张家营村史连、张家连、头圩、山明组农田，西沿桂子山山坡，通往扬州组至北边小池塘为界，北以东驷山山脚线，峡龙山林场、长连山至徐云黄砂一矿东岭为分水岭为界东沟林场错区）	0.00	3.73	3.73

续表

区域	序号	名称	类型	红线区域范围		面积（km²）		
				一级管控区	二级管控区	一级管控区	二级管控区	总面积
六合区	61	南京平山省级森林公园	森林公园	—	按骡子山、练山、西山三个山体山脚线定界（约50 m等高线）。一为骡子山，东界分三段：东段黄两路（南北向）200 m，北龙塘水库西部岸坡，以赵营两路翻水线空间为界；南界，西界西走向新马王线为界；北段以新马王线为界；北与西部边坡为界，北段以尖山茶园南两段：东段以赵营翻水线边坡为界，西段以尖山茶园南界为界。二为练山，东界位于平山根一陆营一线，西界沿山口一同马王线；南界，南界位于平山根一陆营一线，西界沿山口集行政连走向约40 m等高线。三为西山一东山，北界为马鞍与马集行政分界线。三为分水岭西坡为界，中段以45~47等高线为庙山分水岭西坡为界，中段以（等高线约45~56 m之间）；南界为上林、大营张一邵营一柳营一四家王及朝阳水库灌溉渠道一线，西界为潘洼水库灌溉渠道一线；北界沿山曹向西至零星开发的7块空间一同营一同前一线（不含西山片区零星开发的7块设用地和S353省道线位）	0.00	19.47	19.47
	62	南京平山省级森林公园（南区）	森林公园	—	东界与西界均为山丘的山脚线（等高线为30~40 m），南至中部干线-北生平山省级森林公园的南界	0.00	15.57	15.57
	63	大泉水库饮用水水源保护区	饮用水水源保护区	大泉水库水体（以岸线，大坝为界）及取水口一侧正常水位线200 m以上陆域部分	东界为柳营-上叶港一线，南界为水库大坝至白土岗东西走向的乡级公路，西界两侧的南段苏皖两省界-北段为北马马汉塘自然保护区的东界-彭家港水库上游600 m），北界为马马汉塘一线	1.77	19.72	21.49

续表

区域	序号	名称	类型	红线区域范围 一级管控区	二级管控区	面积(km²) 一级管控区	二级管控区	总面积
	64	金牛湖饮用水水源保护区	饮用水水源保护区	金牛湖水体及岸边 200 m 以内的陆域部分（不含度假中心、青奥帆船基地，江苏省水上训练中心、原樊集镇部分建设用地）	—	15.22	0.00	15.22
	65	金牛湖水源涵养区	重要水源涵养区	—	分东、西两块。东片界限：东界是苏皖两省省界，南部与仪征市交界，西部以金牛湖饮用水水源保护区为界。西片界限：东片是苏皖两省省界，西南部以郝庄—茉莉花园度假村北部为界，西部以金牛湖省级森林公园为界，北部是苏皖两省省界（不含规划及现状集镇等 6 块建设用地）	0.00	29.23	29.23
六合区	66	河王坝水库水源涵养区	重要水源涵养区	河王坝水库的水体及岸边 200 m 以内的陆域部分（不含 S421 省道线位）	东界位于冶山街道山曹村—新街村—樊庄—黄山水库与河王坝水库分水线，马鞍街道院郑村—袁家岗—河王村—李庄；东南至赵桥村的东界，西界沿马鞍街道规划建设用地的东部界线为准；北部界线：北黄湾以河王坝大坝以下 200 m 及三马—小中于—张湾—港王一线为准（不含规划及镇区确定的建设用地和 S421 省道线位）	5.77	33.82	39.59
	67	山湖水库水源涵养区	重要水源涵养区	山湖水库水体及岸边 200 m 以内的陆域部分	东到平山省级森林公园的骡子山西部边界；南部包括平山省级森林公园的练山北部边界；南部为大坝以下一程桥街道山湖村—章墩；西部界线由东向西包括马鞍街道的桑家注—夏家注—新庄—山北以及疗镇的上庄—泉水库（不含规划镇区确定的建设用地范围）	5.06	33.40	38.46

续表

区域	序号	名称	类型	红线区域范围		面积（km²）		
				一级管控区	二级管控区	一级管控区	二级管控区	总面积
	68	大河桥水库水源涵养区	重要水源涵养区	大河桥水库水体及岸边200 m以内的陆域部分	东起水库大坝以下200 m,南部界线为为涧王—黄泥岗北—小杨营以及向西的大泉水库饮用水水源二级管控区的北部界线(马汊塘—娄家港一线)及止马岭自然保护区北界,西界与北界均为苏皖两省省界(不含235国道线位)	1.53	18.81	20.34
	69	唐公水库水源涵养区	重要水源涵养区	唐公水库的水面部分及岸边200 m以内的陆域(不含S421省道线位)	东界是金牛湖省级森林公园两界,南部以水库大坝为界,西以40 m等高线为界并与乡级道路平行,北以50 m等高线为界(不含S002省道线位)	1.49	4.10	5.59
六合区	70	赵桥水库水源涵养区	重要水源涵养区	—	东部沿708县道至陈庄,南部以港陈—塘面—下陈—新任庄—姚营一线为界,西部至河王坝水库水源涵养区的边界,北部以大坝以下200 m范围(不含S421省道线位)	0.00	6.16	6.16
	71	马汊河洪水调蓄区	洪水调蓄区	马汊河两岸堤之间的范围(包括防洪排涝等水工建筑用地)	—	0.00	2.17	2.17
	72	滁河洪水调蓄区	洪水调蓄区	滁河两岸河堤之间的范围	—	0.00	9.04	9.04
小计	—	—	—	—	—	35.28	288.67	323.95

续表

区域	序号	名称	类型	红线区域范围		面积（km²）		
				一级管控区	二级管控区	一级管控区	二级管控区	总面积
溧水区	73	南京无想山国家森林公园	森林公园	东起永阳镇石巷双尖村水塘（E119°3′15.330″，N31°35′17.796″），穿林向西沿海防火通道向南至竹海观景台，沿竹海大道向西至最南石塘水库北岸无付路（E119°1′35.678″，N31°34′35.264″），沿道路至洪蓝镇东山头村，沿道路至洪蓝镇经洪蓝镇杜城王村至最西半山水库东岸（E118°59′33.488″，N31°36′17.872″），沿林缘向西墨秦淮小区西侧东缘洪线（E119°0′19.103″，N31°36′53.200″），沿东洪线向西至想山森林公园大门，沿林缘向西至永阳镇大山下村，沿林缘向东南至永阳镇双尖家村，沿林缘向南至永阳镇石巷双尖村（不含无想寺南，天池，毛家山村等景点周边区域）	东起秋湖山西侧246省道岔路口水塘（E119°5′12.989″，N31°34′0.515″），沿林缘向西至碧山里村，沿村后道路至晶桥镇碧山里村，沿村后道路至晶桥镇碧山里村，沿晶桥镇秋湖水库，沿林缘向西至晶桥镇官村冯家村道路（E119°3′35.603″，N31°33′29.772″），沿林缘向北至象山水库，沿林缘向南至晶桥镇孙家村，沿林缘向西北回水库绕神山至最西晶桥镇桃花坝山凹水库山凹回水库防火路（E119°1′34.750″，N31°34′23.404″），穿林向北沿防火通道至海大道观景台，沿无付路及竹海大道向东至竹海大塘（E119°3′15.330″，N31°35′17.796″），沿林缘向南至秋湖山西侧246省道岔路口水塘	12.64	10.31	22.95
	74	西横山生态公益林	生态公益林	东起石溧镇横山禾村道路南侧树林（E118°50′48.755″，N31°38′5.006″），沿路向南至桃花坝水库大坝，沿林缘至最南西横山道路（E118°50′24.229″，N31°37′40.002″），沿路向西方向至最西四径山道路（E118°49′41.318″，N31°38′11.488″），沿溧水行政边界向西最北石溧镇黄泥尖山龙冠子山（E118°50′6.362″，N31°38′36.618″），沿林缘向南至石溧镇横山禾村道路	东起石溧镇石溧后道路沿林缘西向N31°38′46.549″，向南沿石溧镇威家村陶家村沿林缘山西侧林地（E118°51′33.372″，N31°38′4.991″），沿林缘向西至桃花坝水库，沿石溧镇胡家店村，沿林缘向南至江宁交界，沿溧水区行政区界花坝最西石溧镇鸡冠村护林道路（E118°50′26.870″，N31°38′46.439″），沿护林路最北石溧镇黄泥尖山西侧500m护林路（E118°50′53.862″，N31°39′17.820″），沿溧水行政边界线至独山水库南岸，沿林缘至石溧镇石溧詹家村水渠	1.43	2.92	4.35

续表

区域	序号	名称	类型	红线区域范围		面积（km²）		
				一级管控区	二级管控区	一级管控区	二级管控区	总面积
	75	涧峰生态公益林	生态公益林	—	东起溧水区涧峰山西侧溧阳交界处水塘（E119°11′28.577″，N31°33′13.211″），沿溧水行政区边界至白马镇曹家桥村，沿道路南侧道路及道路向东折向北至最西白明线（E119°10′13.085″，N31°32′21.280″），沿白明线向北至最南涧峰山南缘（E119°9′58.634″，N31°32′25.565″），沿白明线向北至涧峰山岩口整治区，沿岩口边缘向西至最北涧峰山护林道路（E119°11′19.079″，N31°33′24.033″），沿护林道路向南至涧峰山西侧溧阳交界处水塘（不含涧峰山烈士陵园）	0.00	1.65	1.65
溧水区	76	劳山生态公益林	生态公益林	东起白马镇象鼻山水库南岸150 m（E119°10′27.753″，N31°30′9.257″），向南沿溧水区行政边界至最南沙芝线北侧500 m劳山矿区岩口边缘（E119°8′31.221″，N31°29′10.652″），穿林地向西至最西品桥镇芝山周家边村东道路（E119°7′45.901″，N31°29′30.285″），沿林缘向北至曹庄水库，沿林缘向北至林场劳山分场，沿林缘向南后折向北沿村级道路至姚家冲，沿林地边缘北白马镇石头寨秋塘水库北侧350 m林地边缘（E119°8′54.196″，N31°30′39.762″），沿道路及林缘向东至白马镇象鼻山水库	—	4.60	0.00	4.60

续表

区域	序号	名称	类型	红线区域范围		面积(km²)		
				一级管控区	二级管控区	一级管控区	二级管控区	总面积
溧水区	77	观山生态公益林	生态公益林	东起白马镇曹家南曹村道路西侧田埂 (E119°7′59.693″,N31°32′21.035″),沿道路向南至白马镇丁家村,沿林缘向西南至白马镇毕家山村,沿林缘向西南至白马镇官山头村,沿林缘向西南至白马镇枫香岭村茹塘水库北侧15m处道路170m (E119°5′47.395″,N31°30′17.110″),沿观山里村蚕山线盆路北至最西品桥新山村西侧 (E119°5′9.629″,N31°30′59.022″),沿观山工业集中区外围向西折向北后沿林缘至最北白马镇大树下局家山村西侧270m林缘 (E119°6′1.890″,N31°32′46.836″),沿林缘向东折向南至白马镇曹家桥南曹村道路	东起品桥镇246省道官家村北盆路口林缘 (E119°5′20.559″,N31°30′4.334″),沿林缘向穿过农田埂里村,沿林缘至最南品桥镇曹旺村,沿道路向南至品桥镇枫香岭下桥孔村孔枫线北侧林缘 (E119°3′58.630″,N31°29′17.083″),沿林缘向东至品桥镇东流村,沿村庄道路向北至品桥镇石山下村,沿村庄道路向北至最南品桥镇新桥新东沟村西南道路 (E119°3′14.233″,N31°31′14.304″),沿路及葛集支集 (E119°3′32.920″,N31°31′23.773″),沿林缘向南至最北白马镇东沟村葛家村,沿林缘向北至白马镇曲山,沿林缘向东山里至枫香岭山庄,沿林缘至品桥镇官家村 (不含山里沟水库、金鸡水库、曹旺村等开发用地)	9.21	5.23	14.44
	78	斗面山和经家山生态公益林	生态公益林	—	东起品桥镇虎形山西侧水塘北侧 (E119°3′50.804″,N31°32′40.401″),沿林缘向南折向北至品桥镇王塘凹村,沿林缘向北折向南至溧水区中心茶园西北侧村,沿林缘向西南至南管村中心茶园村西北侧 (E119°2′12.963″,N31°32′12.483″),沿林缘向北至品桥镇刘家山村,沿林缘最西品桥镇山村北侧 (E119°2′7.485″,N31°32′17.074″),沿林缘向北至最北品桥镇孙家村300m道路 (E119°2′55.870″,N31°33′41.795″),沿村庄道路及道路及林缘向东至品桥镇西村,南至东塘山北侧道路,沿林缘向东至品桥镇虎形山西侧水塘	0.00	2.52	2.52

续表

区域	序号	名称	类型	红线区域范围		面积（km²）		
				一级管控区	二级管控区	一级管控区	二级管控区	总面积
溧水区	79	姚家水库水源涵养区	重要水源涵养区	溧水区姚家水库校核洪水位22.59 m以下库区水面及陆域范围。四址范围：东至大树下西岗村叉路口（E119°6′53.684″，N31°33′52.642″），南至秋湖河侧南坡护坡（E119°6′1.655″，N31°33′16.675″），西至秋湖灌渠小叉路口（E119°5′33.861″，N31°33′41.084″），北至秋阳镇秋湖老屋村北大塘东南角（E119°6′5.284″，N31°35′22.459″）	东起白马镇大树下李家边村后道路（E119°7′39.694″，N31°33′44.247″），沿道路向南由经家岗村大树下村至新桥河，沿新桥河上游河道南岸护坡至最南新桥河支流向西折向北至秋湖灌渠（E119°5′22.094″，N31°32′46.335″），沿秋湖支流向北至最西点（E119°5′1.885″，N31°35′19.987″），沿灌区向北折向东至最北点水阳镇秋湖红家边村道路（E119°6′37.998″，N31°36′22.957″），沿东庐山林缘及道路至大树下李家边村（不含规划保留村）	4.27	13.08	17.35
	80	赭山头水库水源涵养区	重要水源涵养区	赭山头水库校核洪水位28.00 m以下库区水面及陆域范围。四址范围：东至晶桥镇下芝山村西北150 m小水塘（E119°7′33.384″，N31°27′52.925″），南至孔家村人库河道（E119°6′59.744″，N31°27′13.205″），西至赭山头水库大坝西边村庄北侧小路（E119°6′10.212″，N31°28′1.859″），北至赭山头大坝东头正北230 m处（E119°6′22.925″，N31°28′39.892″）	东起晶桥镇小茅山谷口南侧（E119°9′1.088″，N31°28′19.846″），沿溧水行政边界线向南至南工区，沿谷口边缘至最南晶桥镇状元山南侧道路与高淳区交界（E119°7′5.951″，N31°26′0.141″），沿状元山林缘向北至晶桥镇孔家村，沿道路路戴山线向北至万和船舶配件公司后折向南至最西晶桥镇下韩村北道路（E119°5′53.538″，N31°27′56.082″），向北至晶桥镇集镇边缘至老碧坝水库大坝西侧，沿林缘南侧向北至最北白马镇周家边村北塘（E119°7′36.178″，N31°29′27.330″），沿林缘向南至天水泥谷口，沿谷口边缘晶桥镇小茅山南侧（不含规划保留村）	3.04	13.99	17.03

续表

区域	序号	名称	类型	红线区域范围		面积（km²）		
				一级管控区	二级管控区	一级管控区	二级管控区	总面积
溧水区	81	老鸦坝水库饮用水源涵养区	重要水源涵养区	—	东起白马镇白马山护林路（E119°13′55.082″，N31°37′23.666″），沿溧水行政界线至最西与宁杭高铁（老鸦坝人库高铁与老鸦坝人库河道交界（E119°13′10.175″，N31°36′0.271″），沿宁杭高铁西北至最西宁杭高铁与老鸦坝人库河道交界（E119°11′28.650″，N31°37′18.879″），沿人库（E119°13′40.304″，N31°38′3.260″），沿溧水方水库北部弯（E119°13′向北经洪明村至最北东方水库北部弯（E119°13′向南至南马镇白马山护林路（不含规划保留村）	0.00	7.40	7.40
	82	老鸦坝水库饮用水水源保护区	饮用水水源保护区	老鸦坝水库校核洪水位37.52 m以下库区水面及陆域范围。四址范围：东至龙线与宁杭高铁交叉口，南至老鸦坝水库大坝西侧北角村口，西至江苏省农科院东侧道路，北至老鸦坝水库北部弯人库河道与宁杭高铁交叉口	东起白马镇白马山护林路沿溧水行政界线至最南宁杭高铁，沿宁杭高铁向西北至最西与南老鸦坝人库河道交界，沿人库河道向北经洪明村至最北东方水库北部弯，沿溧水行政界向南至南马镇白马山护林路（不含规划保留村）	3.15	7.40	10.55
	83	中山水库饮用水水源保护区	饮用水水源保护区	中山水库校核洪水位28.76 m以下库区水面及陆域范围，包括取地一级保护区。四址范围：东至中山水口中心500 m范围的一级保护区和水源地二级保护区，南至高塘李家村，西至高塘李家村至溧白路，北至溧白路	东起白马镇上洋方家边山坝河，沿东庐山林缘至洋方家边后山坝河，沿东庐山林缘至曹家桥丁家村后，沿林缘向北侧角转向，沿溧白更至秋湖灌渠，沿中山产管里村，沿溧白路西韶北绍角转向，沿白马镇洪水位线至溧白路，沿山坝至爱国水大坝西侧南角，沿东庐山林缘至白马上行政边界转至老明公路，沿溧阳镇北部南侧，沿永阳镇白马上洋方家边山坝河（不含规划保留村）	9.07	35.49	44.56

续表

区域	序号	名称	类型	红线区域范围 一级管控区	红线区域范围 二级管控区	面积(km²) 一级管控区	面积(km²) 二级管控区	面积(km²) 总面积
溧水区	84	方便水库饮用水水源保护区	饮用水水源保护区	方便水库校核洪水位29.15 m以下库区水面及陆域范围和水源地谢家棚子与白马镇交界河道、西至白马镇金湖西侧二级保护区。四址范围：东至东屏镇金湖西侧至谢前巷村东北侧小桥、西至方便水库大坝西北侧、南至东屏镇金湖前巷村至白马龙岗村340省道南侧、北至白龙岗村340省道南侧	东起白马镇朱家边村朱尹路、沿朱尹路向西南经朱家边村田埂至最南白马镇朱家边新塘头村杭宁高铁西侧水塘、沿宁至杭高铁爱国水库、向南沿爱国者庐山，沿东屏镇行政边界线向北及林缘至最西点东屏镇爱国水库大坝西侧围墙、沿方便水库爱国水库缘至水库后大公司南侧南路，沿道路向南沿大金山林缘至水库后大水库环湖路、沿方便水库校核洪水位线全水区行坝向北沿340省道至最北勾谷交界点，沿溧水区行政边界向东至最北勾谷交界至白马镇朱家边村朱尹路全水区后大政边界线向西至白马镇朱家边村朱尹路全规划保留村（不含规划保留村）	12.49	37.85	50.34
	85	石白湖饮用水水源保护区（备用）	饮用水水源保护区	—	石白湖溧水区境内全部水面；石溧镇、洪蓝镇防洪堤范围内陆域及石白湖堤胜利渔场、洪蓝镇稻保渔场；利凤镇石白湖湖堤至宁高速路群英桥南止、小溪村段范围，小溪村向西南经骆山村至引龙河、沿河向西至利凤镇张家行政村边界（不含规划保留村）。四址范围：东至和凤小歌村、南至和凤孙家巷村、西至高淳交界、北至天生桥河入湖口交界、北至天生桥河入湖口	0.00	114.04	114.04

续表

区域	序号	名称	类型	红线区域范围 一级管控区	二级管控区	面积(km²) 一级管控区	二级管控区	总面积
	86	石白湖（溧水区）风景区	风景名胜区	—	石白湖溧水区境内全部水面；石滧镇、洪蓝镇防洪堤范围内陆域及石滧镇胜利渔场、洪蓝镇福保渔场；和凤镇白白湖湖堤至宁高高速北起群英桥南至小顼村上段范围，小顼村向陆域南经路山村至引龙河，沿河向西至和凤镇张家行政村边界。四址范围：东至和凤孙家巷村（E118°59′29.999″，N31°27′6.975″），南至和凤孙家巷村（E118°55′48.769″，N31°24′29.796″），西至安徽交界（E118°52′24.794″，N31°28′59.594″），北至天生桥河入湖口（E118°57′12.105″，N31°33′22.605″）	0.00	114.04	114.04
溧水区	87	东庐山风景区	风景名胜区	东起白马镇浮山西侧大水塘（E119°11′18.740″，N31°41′3.432″），沿溧水区行政边界线至最南白马浮山向家棚子小水库东侧小路（E119°10′53.104″，N31°40′33.426″），沿林缘向北至新龙山水库大坝，沿林缘向北至朝阳水库大坝，沿林缘向北至老虎洞山护林路、沿路和林缘至最南西屏镇白鹿家棚子村道路（E119°9′37.350″，N31°41′39.213″），沿林缘至最北端东屏镇老虎洞山北山脚（E119°10′17.757″，N31°41′55.820″），沿溧水区行政边界线至白马镇浮山西侧大水塘	东起白马镇朱家边村未尹路（E119°11′35.042″，N31°38′59.725″）沿朱尹路向西南经朱家边高铁桥，沿宁杭高铁至东庐山镇朱家边行政边界向北点西侧南至白马镇上洋方家边丁家边山坝河，沿东庐山西侧道路向南（E119°8′15.417″，N31°33′29.092″），沿东庐山丙侧道路向北至张家山村后，沿林缘向南、沿田以夏至最南朱阳镇中山户管里村灌区西拐角转向南，沿田以夏至最南白马校核洪水位（E119°4′3.000″，N31°37′19.748″），沿中山水库大坝两侧向南沿爱国位至溧白路沿田以夏至林缘至最西点东屏镇群业五金制品有限公司南侧开端、沿道路向南后沿大会山林缘至水库环湖路、沿方便水库校核洪水位线至大坝后大坝340省道至最北句容交界点（E119°8′25.282″，N31°43′9.622″）沿溧水区行政边界线至白马镇朱家边村水源保护区一级管控区（不含中山水库、方便水库饮用水水源地规划保留村）范围和规划保留村	2.03	71.31	73.34

176

续表

区域	序号	名称	类型	红线区域范围		面积(km²)		
				一级管控区	二级管控区	一级管控区	二级管控区	总面积
溧水区	88	天生桥风景区	风景名胜区	—	范围包拓:①天生桥河(胭脂河)北起桥镇河西村河岔口,沿河道向南,南止于洪蓝镇天生桥河桥约9 300 m,天生桥河水面及护坡道路约1.63 km²(E118°57'58.137",N31°37'39.609"),沿天生桥前赵村道路缘向北经砖瓦窑村,山南村水库,山南村至最南洪蓝镇天生桥西南水塘,古塘水塘,张家彭村至最西石潵镇杜东山口村后小路(E118°55'45.110".N31°38'25.945".N31°38'44.303");沿洪蓝缘至最北溧石线景观大道(E118°56'0.503".N31°38'44.303");沿景观大道向南折向向东洪蓝镇天生桥前赵村道村庄小路折向南沿林缘至洪蓝镇天生桥前赵村道路,约5.43 km²(不含规划保留村)	0.00	7.05	7.05
	89	秦淮河(溧水区)洪水调蓄区	洪水调蓄区	—	溧水区境内秦淮河,北起江宁交界三岔河口(E118°53'48.954".N31°47'29.691"),沿河道向南经柘塘镇至天生桥交江处(E118°59'43.145".N31°40'30.090")约21 700 m,河道水面及护坡	0.00	2.40	2.40
小计						61.93	332.64	394.57
高淳区	90	大荆山森林公园	森林公园	—	东北与溧阳市交界,西北与溧水区交界,南部边界坐标 E119.15,N31.44	0.00	0.25	0.25
	91	江苏游子山国家森林公园	森林公园	游子山国家森林公园范围内的重点公益林及花山片区的高生态敏感区和部分中生态敏感感区	游子山国家森林公园范围内除一级管控区以外区域,包括游子山景区和花山景区。游子山景区坐标E118°59'23".119°05'10".N31°20'03".31°22'37";花山景区坐标为E118°55'23".118°59'22".N31°13'52".31°18'04"	14.84	19.19	34.03

续表

区域	序号	名称	类型	红线区域范围 一级管控区	红线区域范围 二级管控区	面积(km²) 一级管控区	面积(km²) 二级管控区	面积(km²) 总面积
	92	砖墙镇水乡慢城风景区	风景名胜区	—	东至薛盛线，南至安徽交界，西至保胜圩和相国圩堤，北至獭树河（不含砖墙镇集镇规划建设用地和保留村庄）	0.00	43.76	43.76
	93	国际慢城桠溪风景区	风景名胜区	—	东至溧阳，西至溧水，北至砖桥镇，南至老椰路（不含国际慢城规划建设用地）	0.00	36.08	36.08
	94	石臼湖（高淳区）风景区	风景名胜区	—	位于高淳区北部，高淳区境内的石臼湖水域	0.00	21.29	21.29
高淳区	95	石臼湖饮用水水源保护区（备用）	饮用水水源保护区	—	高淳区境内石臼湖湖堤以内区域	0.00	21.29	21.29
	96	固城湖饮用水水源保护区	饮用水水源保护区	以取水口为中心，半径500 m范围内的水域和取水口侧正常水位线以上200 m的陆域范围	水域：一级保护区外的整个水域面积；陆域：岸线外延3 000 m陆域范围（不含县城区域、固城镇街区域、开发区区域、固城湖旅游度假区规划镇街规划建设用地区域）	0.75	69.20	69.95
	97	高淳固城湖水资源自然保护区	自然保护区	自然保护区核心区和缓冲区	自然保护区实验区，东南至固城湖堤，西至永胜圩堤，北至永联圩堤（核心区和缓冲区除外）	12.41	12.82	25.23

续表

区域	序号	名称	类型	红线区域范围 一级管控区	红线区域范围 二级管控区	面积(km²) 一级管控区	面积(km²) 二级管控区	面积(km²) 总面积
高淳区	98	固城湖中华绒螯蟹国家级水产种质资源保护区	重要渔业水域	核心区	实验区,范围为 E118°54′23″,118°56′53″,N31°17′20″,31°18′33″之间的区域	0.62	0.6	1.22
	99	固城湖国家湿地公园	湿地公园	与固城湖饮用水源保护区一级保护区范围一致	西至固城湖大桥和迎湖桃源道路以东 500 m,东至固城湖东岸,北至迎湖桃源以南,以规划中的穿湖大堤为界(不含固城湖滨游度假区规划建设用地区域)	0.75	47.36	48.11
	100	南京固城湖省级湿地公园	湿地公园	与固城湖饮用水源保护区一级保护区范围一致	东南以固城湖湖堤为界,西以薛盛桥为界,北以湖滨路为界(不含固城湖旅游度假区规划建设用地区域)	0.75	58.19	58.94
	101	龙墩湖市级湿地公园	湿地公园	—	东与桠溪镇接壤,西至老宁望路,南至双游村烈山,北与溧水区接壤(不含漆桥镇原金陵永乐有限公司,中瑞银乐有限公司等三个项目规划建设用地)	0.00	4.70	4.70
	102	花山生态公益林	生态公益林	花山生态公益林与高淳县林地规划重合的面积 2 hm² 以上的连片林带	其他位于固城湖畔花山林区的面积 2 hm² 以上的连片林带	2.75	4.25	70
	103	付家坛生态公益林	生态公益林	付家坛、曹家坝、望牛墩、顾址工区、张家山、前进、塘里夏家等区域内面积 2 hm² 以上的重点公益林	—	1.86	10.05	11.91
	104	桠溪生态公益林	生态公益林	荆山林场、状元山、荆山、种桃山周边 2 hm² 以上的重点公益林空间范围	—	2.40	0.00	2.40

续表

区域	序号	名称	类型	红线区域范围		面积（km²）		
				一级管控区	二级管控区	一级管控区	二级管控区	总面积
高淳区	105	水阳江洪水调蓄区	洪水调蓄区	—	高淳区境内水阳江水域及护坡、胜利圩区域	0.00	16.55	16.55
	106	胥河清水通道维护区	清水通道维护区	—	高淳区境内胥河水域及护坡	0.00	2.32	2.32
	107	水碧桥河清水通道维护区	清水通道维护区	—	高淳区境内水碧桥河水域及护坡	0.00	0.57	0.57
	108	石固河清水通道维护区	清水通道维护区	—	高淳区境内石固河水域及护坡	0.00	1.50	1.50
	109	漆桥河清水通道维护区	清水通道维护区	—	高淳区境内漆桥河水域及护坡	0.00	0.79	0.79
	110	运粮河清水通道维护区	清水通道维护区	—	高淳区境内运粮河水域及护坡	0.00	0.46	0.46
	111	官溪河清水通道维护区	清水通道维护区	—	高淳区境内官溪河水域及护坡	0.00	1.41	1.41
	小计	—	—	—	—	28.66	214.71	243.37
	合计	—	—	—	—	424.31	1 129.32	1 553.63